초등학교 영양교육
영양교육 수업설계와
프로그램의 실제

구재옥 저

에피스테메
EPISTEME

초등학교 영양교육

ⓒ 구재옥, 2009

초판 1쇄 찍은날 | 2009. 10. 1.
초판 1쇄 펴낸날 | 2009. 10. 5.

지은이 | 구재옥
펴낸이 | 장시원
펴낸곳 | (사)한국방송통신대학교출판부
　　　　출판등록 1982.6.7. 제1-491호
　　　　서울특별시 종로구 이화동 57번지(110-500)
　　　　전화 | (02)3672-0123
　　　　팩스 | (02)741-4570
　　　　http://press.knou.ac.kr

편집 · 조판 | 동국문화
표지 디자인 | Bbook

ISBN 978-89-20-00178-9 93590
값 14,000원

머 리 말

오늘날 식생활에는 가족과 사회의 환경 변화와 식품공급 및 식품산업의 발달 등으로 변화가 일어나고 있다. 그리고 인터넷과 대중매체의 발달로 건강과 영양에 대한 정보가 다양하게 제공되어 식생활에 영향을 미친다.

식생활의 변화는 질병의 발생과 깊은 관련을 나타내는데, 최근 우리나라는 비만, 당뇨, 심혈관계 질환, 암 등의 만성질환 발생이 크게 늘고 있다. 따라서 이러한 질병을 예방하고 건강을 증진하기 위하여 영양교육의 중요성이 더욱 커지고 있다.

학동기 아동들의 비만과 식생활 문제가 심각해지고 학교급식이 확대되고 가정의 식생활 교육이 약화되면서 초등학교 영양교육이 더욱 중요한 문제로 대두되었다. 따라서 초등학교에 영양교사가 배치되었으나 실제 영양교육을 하는 데는 많은 어려움이 따르며, 영양교육을 위한 표준화된 수업설계나 지도 프로그램 자료가 미비한 실정이다.

따라서 이 책은 영양교육의 목적을 달성하기 위하여 영양교육의 수업설계와 실제 초등학생 학부모를 대상으로 시행할 수 있는 실제 지도안과 매체자료를 제시하고자 한다.

이 책의 주요 내용을 보면 다음과 같다.

첫째, 영양교육에서는 영양교육의 의의, 식생활 환경 변화 등을 살펴보았다.

둘째, 영양교육 과정과 영양교육을 효과적으로 수행하기 위한 수업설계의 요소, 수업안 작성방법을 제시하여 영양교육의 교과과정에 맞는 수업설계와 지도안을 작성할 수 있게 하였다.

셋째, 실제 영양교육에 활용할 수 있는 초등학교의 학생 및 학부모 대상 영양교육안을 소개하고, 직접 이용할 수 있는 교육자료를 제시하였다. 이 내용은 대학원생들의 발표자료를 인용하였다.

이 책이 영양학 전공 학생과 영양교사들, 그리고 실제 영양교육과 관련해 일하는 사람들에게 유용한 교재가 되기를 바라며, 영양교육의 발전에 도움이 되기를 바란다.

이 책의 출간을 위해서 애쓰신 모든 분들께 감사를 드린다.

2009년 10월

구 재 옥

CONTENTS

제1장

영양교육과 상담

1 영양교육과 상담의 의의

1 영양교육의 의의

영양교육이란 건강증진을 위하여 식행동을 변화시키고자 하는 일련의 계획된 교육과정이라고 정의할 수 있다. 개인이나 집단이 올바른 식생활을 영위하여 신체적·정신적으로 건강을 유지하고 타고난 건강권리를 찾을 수 있도록 도와주는 일련의 과정이다. 즉, 피교육자의 신념, 태도, 환경의 영향, 지식의 변화를 통하여 식품에 대한 이해도를 높이고, 과학적이며 건전한 식생활을 영위하도록 도와주는 과정을 말한다. 따라서 영양지식을 제공하고 올바른 식생활에 대한 긍정적인 태도를 갖도록 하며, 이를 실천하는 데 장애요소가 없도록 관련되는 모든 요인을 중재하는 종합적인 활동이라고 할 수 있다. 그러므로 영양교육은 건강교육의 중요한 부분이다.

영양상담이란 영양교육의 일환으로 영양위험을 가진 개인이나 집단이 영양적으로 필요한 부분을 충족시키고, 식행동 변화를 위한 장애물을 제거하여 건강한 식생활을 유지할 수 있도록 상담자가 돕는 과정으로, 내담자와의 쌍방향 의사소통 과정이 중요시된다.

영양교육은 개인이나 지역사회의 영양상태 진단 결과에 따라 필요한 영양교육 계획을 수립하고 제공하여 식행동을 변화시킨 후 이를 유지해 나가도록 돕는 일이라고 할 수 있다. 이는 병원이나 학교, 노인대학, 복지시설 등 어느 곳에서든지 다양한 형태로 실시될 수 있다. 저소득층의 구매력을 향상시키거나 보충식품을 지급하는 등의 직접적이고 적극적인 형태의 영양 서비스와 교육을 병행할 수 있으나 식생활이 풍요로워진 현대에 와서는 식사계획을 포함한 직접적인 영양교육과 상담의 비중이 커지고 있다.

2 영양교육 개념 변화

과거 식량이 절대적으로 부족하던 시절에는 국가나 지역사회의 식량증산, 식품의 사회안전망 확보가 주요 내용이었다. 영양교육의 개념은 식품의 분배수준에 지나지 않았다. 그러나 역사적으로 농업혁명과 산업혁명을 거치면서 식품의 대량생산, 가공과 보존기술 발달이 일반화되면서 일부 저개발국가를 제외하고는 인류의 먹을거리가 차츰 해결되어 가는 경향을 보였다. 따라서 영양교육의 개념은 영양지식의 보급으로 인식되었다. 즉, 학자들은 올바른 영양지식이 있어야 건강한 삶을 영위할 수 있다고 생각하였다.

경제발전에 따른 풍요로움은 영양과잉과 영양불균형 등의 문제를 초래하였고, 생활습관의 변화와 더불어 만성퇴행성 질환의 확대라는 심각한 건강문제를 야기하였다. 더불어 학자들은 영양지식이 충분하여도 그 지식이 행동으로 변화되지 않는다는 사실을 알게 되었다. 따라서 영양교육이란 개인과 집단의 행동을 변화시키고 그 변화된 행동이 유지되도록 하는 것이라고 주장하기에 이르렀고, 현대 영양교육의 개념은 영양상태를 개선하기 위하여 지식과 태도뿐만 아니라 궁극적으로는 행동의 변화를 유도하는 것으로 정의하고 있다.

최근에는 영양상태 판정자료를 중심으로 영양문제가 대두된 원인이 무엇인지를 종합적으로 판단하여 영양교육 계획을 수립하여야 한다는 주장이 제기되고 있다. 즉, 주거환경 · 교통 · 교육 등을 포함한 사회적인 진단, 보건형태나 질병양상 등을 이해하기 위한 역학적인 진단, 건강과 질병 관련 식생활조사법 등을 이용하여 영양행동을 분석하는 행동 및 환경적 진단, 영양지식 · 태도 · 자원 · 수단 · 기술 · 사회적인 후원 등을 포함하는 교육 및 조직적인 진단, 그리고 행정 및 정책적인 진단을 통하여 영양교육과 상담계획을 수립하고 서비스를 수행할 때 더욱더 성공적인 서비스가 될 수 있다는 주장이다.

허시(Hersey)는 영양교육이 건강과 개인의 독립에 광범위한 영향을 미칠 수 있다고 주장하면서 영양교육의 광범위한 효과의 개념도를 [그림 1.1]과 같이 제시하였다. 영양교육은 개인의 식품구입과 실천, 자원관리를 통하여 식품의 안전과 식품의 질을 확보하여 건강하게 신체적 활동을 할 수 있게 한다. 또한 영양교

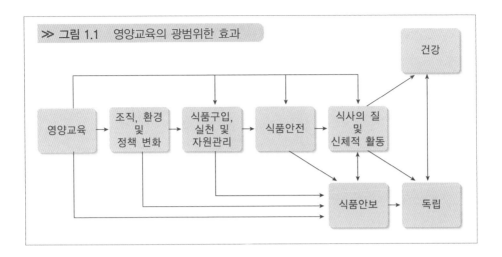

>> 그림 1.1 영양교육의 광범위한 효과

육을 하여 조직, 환경의 변화나 정책의 변화를 유도함으로써 개인뿐만 아니라 식품안보에 영향을 준다. 영양교육은 다양하게 서로 상호 작용하며 식사의 질을 향상시켜서 활동력과 건강과 식품안보를 이루어 내며 독립성을 확보하게 해 준다.

2 식생활 환경의 변화와 영양교육

1 환경의 변화

현대인의 식생활은 나날이 복잡해지고, 식품산업의 다양화와 역동적인 식생활 환경의 변화가 일어나고 있어, 자신의 건강여건과 필요에 부합하는 식품을 선택하기가 어려워지고 있다. 따라서 이러한 식생활 환경의 변화에 맞는 지속적인 영양교육이 필요하다. 식생활 환경의 변화를 보면 [그림 1.2]와 같다.

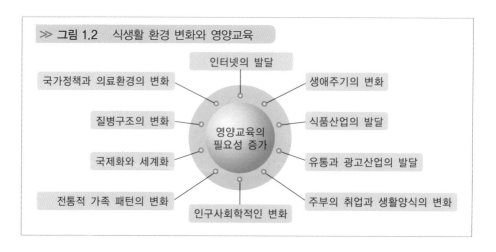

≫ 그림 1.2 식생활 환경 변화와 영양교육

인터넷의 발달

국가정책과 의료환경의 변화

생애주기의 변화

질병구조의 변화

영양교육의
필요성 증가

식품산업의 발달

국제화와 세계화

유통과 광고산업의 발달

전통적 가족 패턴의 변화

주부의 취업과 생활양식의 변화

인구사회학적인 변화

1) 생애 주기에 따른 생리적·신체적 변화와 영양소 필요량의 변화

나이가 들어 감에 따라 신체적·생리적인 여건의 변화로 필요한 영양소의 양과 종류가 달라지므로 적절한 식생활 내용의 변화가 필요하다.

2) 식품산업과 유통, 광고의 발달

과학의 발달로 식품기술이 변화하여 새로운 식품이 개발되고, 같은 식품재료를 가지고도 다양한 영양가치를 지닌 식품이 개발되므로, 건강한 소비생활이 어려워지고 있다([그림 1.1] 참조).

무한경쟁시대에 식품제조업자들이나 유통업자들이 소비자의 건강보다는 이익의 극대화를 위하여 과대광고에 치중하므로 소비자들의 올바른 식품선택을 위한 정보가 필요하다.

3) 대중 매체 및 컴퓨터와 인터넷의 발달

TV·신문·인터넷 등을 통하여 영양과 식생활에 관한 정보가 제공되어 빠르게 확산된다. 따라서 정보의 진위를 판단할 수 있도록 영양교육을 하여야 한다.

4) 인구사회학적인 변화

저출산, 노령화로 인해 평균수명이 연장되고 결혼연령이 늦어지고 있으며,

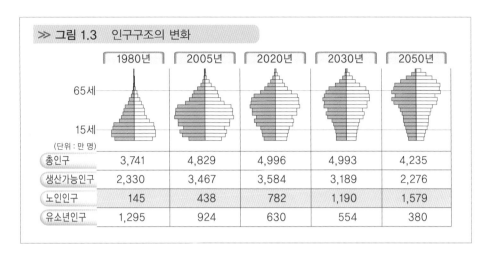

≫ 그림 1.3 인구구조의 변화

(단위 : 만 명)	1980년	2005년	2020년	2030년	2050년
총인구	3,741	4,829	4,996	4,993	4,235
생산가능인구	2,330	3,467	3,584	3,189	2,276
노인인구	145	438	782	1,190	1,579
유소년인구	1,295	924	630	554	380

출산율은 감소하고 있다.

계속되는 저출산과 줄어드는 생산인구, 그리고 노인인구의 증가는 인구구조를 변형시켜 [그림 1.3]과 같이 탑 모양에서 종 모양으로 변화될 전망이다.

노인인구 증가와 만성질환 이환율 증가에 따른 장애인구도 증가하여 사회적 문제가 되고 있으며, 그에 따른 식생활 문제도 대두되고 있다.

5) 가족의 식생활 패턴 변화

기존의 전통적 가족 개념이 해체되고, 한부모, 맞벌이 부부, 독신가구 등의 증가로 인하여 다양한 식생활 문화가 형성되고 있다. 식사는 주부가 준비하여 가족이 모두 함께 나눈다는 기존의 가치관이 해체되고, 편의성·경제성 등의 개념이 더 중시되어 가정식의 기회가 줄어들고 있다. 외식의 기회뿐만 아니라 즉석식품, 편의식품 등의 소비도 증가하면서 자연스럽게 영양교육의 문제가 대두되고 있다.

6) 국제화와 세계화

국제화·세계화의 물결 속에서 외국 음식과 식품의 수출입이 자유로워지고 다양한 식품과 음식을 접하게 되어 영양표시의 활용을 포함한 광범위한 영양교육이 필요하다.

7) 질병구조의 변화

인류의 건강을 위협하는 질병의 원인이 과거의 기생충 감염, 전염병 등의 감염성 질환에서 벗어나 순환기계 질환, 대사성 질환, 악성 신생물 등의 만성 퇴행성 질환으로 변화하고 있으며, 이 질환들은 대부분 그 원인과 관리가 식생활과 밀접하게 관련되어 있다.

주요 사망원인

① 암 ② 뇌혈관질환 ③ 심장질환 ④ 당뇨병 ⑤ 자살

8) 국가정책과 의료환경의 변화

국가정책과 의료 환경이 변화하여 누구나 건강보험의 혜택을 누리게 되었다. 또한 정부도 국민건강을 위한 서비스 제공에 주력하기 위하여 관련법을 제정하고 예산을 배정하는 추세이다.

2 영양교육의 내용

1964년 힐(Hill)은 모든 영양교육에는 다음과 같은 가장 기본적인 네 가지 개념이 반드시 포함되어야 하며, 소비자들이 인지하도록 교육하여야 한다고 주장하였다.

① 영양은 당신이 먹는 식품 자체이며, 우리 몸이 그것을 어떻게 이용하는가를 다루는 것이다. 우리는 생명유지와 성장, 건강한 삶, 다양한 활동을 위한 에너지와 영양소를 얻기 위해 식품을 먹는다.
② 식품은 성장과 건강을 위하여 필요한 다양한 영양소로 구성되어 있다.
   - 몸에 필요한 모든 영양소는 식품을 통하여 얻을 수 있다.
   - 다양한 종류와 조합으로 식품을 섭취하면 균형된 식생활이 보장된다.
   - 충분한 성장과 건강을 위하여 필요한 모든 영양소가 들어 있는 식품은 단 한 가지도 없다.

- 각각의 영양소는 몸에서 특별한 쓰임새가 있다.
- 대부분의 영양소는 다른 영양소들과 팀을 이룰 때 몸에서 가장 효율적으로 작용할 수 있다.

③ 모든 사람은 일생 동안 같은 종류의 영양소를 필요로 하지만 필요량은 저마다 다르다. 필요한 영양소의 양은 나이, 성, 신체의 크기, 활동량, 그리고 건강상태에 따라 다르다.

④ 식품을 다루는 방법에 따라 식품에 함유된 영양소의 양, 안전, 모양, 그리고 맛이 달라진다. 다루는 방법이란 식품이 재배·가공·저장되고 먹기 위해 조리되는 동안 일어나는 모든 과정을 의미한다.

영양교육이 효율적으로 제공되기 위해서는 체계적이고 조직적인 접근이 필요하다. 체계적인 접근을 통하여 교육자가 무엇을 가르치고 어떻게 가르쳐야 할지를 결정할 수 있는 유용하고 현실적인 도구를 발견할 수 있다.

영양교육의 어려움

영양교육은 일반적으로 다음과 같은 취약점 때문에 종종 정책결정자들의 관심에서 벗어나거나 우선순위에서 밀리고 있다.

① 그 결과가 가시적이지 않다.
② 단기간에 효과가 나타나지 않는다.
③ 효과의 수량적인 평가, 제시가 어렵다.
④ 예산이 많이 소요된다.
⑤ 정책결정자들의 인식이 부족하다.

많은 정책결정자들이 영양문제는 경제적인 발전과 함께 저절로 소멸된다고 생각하므로 그들을 설득하는 데 어려움이 따른다. 그러나 현대사회의 복잡다양한 영양문제는 단순히 영양부족 문제에서 그치는 것이 아니라 영양과다를 포함한 영양불균형의 문제가 되므로, 지속적인 영양계획과 사업집행의 필요성을 설득하는 것이 중요하다.

3 영양상담

1 상담의 의의와 기법

1) 상담의 의의

상담이란 내담자와 상담자 간에 수용적이고 구조화된 관계를 형성하고, 이 관계 속에서 내담자 자신과 환경에 대해 의미 있는 이해를 증진시켜 주는 과정이다.

상담의 목표는 상담의 방향을 제시할 뿐만 아니라 상담의 효과를 평가하는 기초로서 필요하다. 상담은 일반적으로 행동의 변화, 정신건강의 증진, 문제해결, 개인적인 효율성의 증진 및 효과적인 의사 결정과 같은 목표를 기대할 수 있다.

상담과 교육, 대화의 공통점과 차이점을 살펴보면 다음과 같다.

• 공통점 : 지식, 태도, 행동의 성장 및 변화를 촉진하거나 돕는다.
• 차이점 : 상담에서는 정서적인 교류 및 유대감, 상호 이해의 깊이와 폭이 더 크게 작용한다. 교육에 비해 소수의 집단만 대상으로 하기 때문에 비경제적이다.

2) 상담의 절차와 기법

영양상담의 절차와 주요 기법은 다음과 같다.

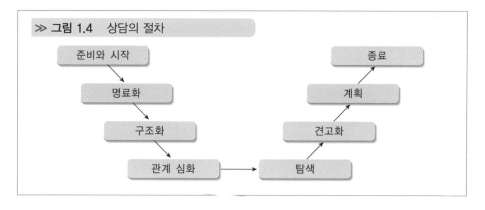

≫ 그림 1.4 상담의 절차

준비와 시작 → 명료화 → 구조화 → 관계 심화 → 탐색 → 견고화 → 계획 → 종료

| • 수용 | • 명료화 | • 요약 | • 직면 |
| • 반영 | • 질문 | • 조언 | • 해석 |

3) 상담 유형과 특성

개별상담, 집단상담, 가족상담 등으로 실시할 수 있다.

(1) 개별상담

개별상담은 아들러(Adler)식 심리학적 이론을 근간으로 하고 있다. 개별상담은 개인은 사회적 요인에 의해 동기화되고, 자신의 사고, 느낌 및 행동에 책임져야 하는 존재라고 가정하고 있다. 개별상담의 과정은 내담자에게 정보를 제공하고, 그들에게 올바른 선택을 할 수 있도록 가르쳐 주고 안내하며 격려하는 데 초점을 둔다.

(2) 집단상담

집단상담이란 상담자가 가족이 아닌 여러 명의 내담자가 동시에 상담하는 것을 말한다. 전문적으로 훈련된 상담자의 지도와 동료들과의 역동적인 상호 교류를 통해 각자의 감정, 태도, 생각 및 행동양식 등을 탐색 · 이해하고, 보다 성숙한 수준으로 향상시키는 과정이다. 집단상담은 예방적 · 발달적 · 교정적 목적을 동시에 가지고 있으며, 일반적으로 구체적 초점을 가지고 있다.

(3) 가족상담

가족상담은 유아 한 개인을 다루는 것이 아니라 가족 전체를 하나의 단위로 다루는 상담으로, 한 가족원의 행동문제나 심리적 장애는 가족 전체가 지니고 있는 문제를 나타내는 것으로 본다. 개인의 문제를 심층적으로 분석하면 부부관계, 부모 · 자녀 관계 등의 가족 전체 문제와 밀접하게 연결되어 있음을 알 수 있다.

2 영양상담 과정

1) 영양상담의 의의와 과정

영양상담이란 현재 영양문제를 가지고 있거나 그럴 가능성이 있는 사람이 스스로 새로운 식행동을 하도록 도와주는 과정이다. 상담자는 피상담자에게 영양상담을 해 주기 위해서 영양학에 관한 전문적 지식을 충분히 갖추어야 할 뿐만 아니라 인간행위에 대해서도 제대로 이해하고 있어야 한다. 바람직한 식행동 변화를 위해서는 피상담자의 말을 적극적으로 경청한 후 실현 가능한 영양목표를 세워 개별적인 식사계획을 마련해 주고, 지속적인 사후 관리를 통해 문제해결 방안을 제시해 주는 것이 필요하다.

2) 영양상담의 과정

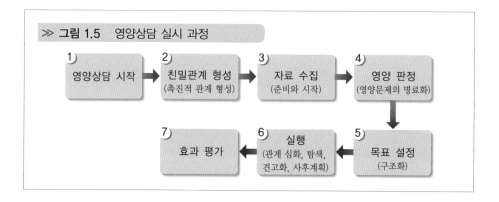

≫ **그림 1.5** 영양상담 실시 과정

(1) 자료 수집

영양상담에 필요한 피상담자에 관한 자료는 피상담자와의 인터뷰, 체위 측정, 상담자 자신의 관찰 등으로 얻을 수 있다.

① 식습관 자료 : 5가지 기초식품군, 24시간 회상법, 식품빈도 등
② 체위자료 : 키, 체중, 평소 체중, 피부 두 겹 집기 등
③ 생화학적 자료 : 혈당량, 콜레스테롤, 헤모글로빈 등
④ 임상자료 : 진단명, 약물, 신체증후, 혈압

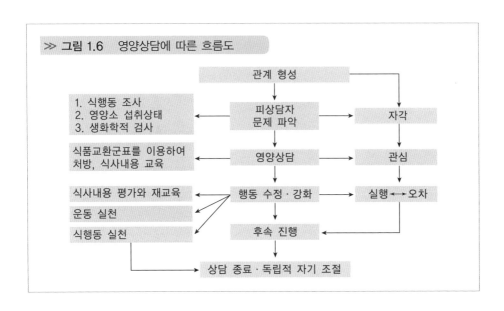

관계 형성

1. 식행동 조사
2. 영양소 섭취상태
3. 생화학적 검사

피상담자 문제 파악 → 자각

식품교환군표를 이용하여 처방, 식사내용 교육

영양상담 → 관심

식사내용 평가와 재교육

운동 실천

식행동 실천

행동 수정 · 강화 → 실행 ← 오차

후속 진행

상담 종료 · 독립적 자기 조절

≫ 그림 1.7   건강검진표와 식사기록지

건 강 검 진 표

소속지사		사업장명		영업소명	
성 명		주민번호		증 번 호	

구분	검사 종목		결 과 년	년	참 고 치 정상A (건강양호)	정상B(건강에 이상 없으나 자기관리 및 예방조치 필요)
체위 검사	신 장	cm				
	체 중	kg				
	비 만 도	%			90~110	
	시력(좌/우)	/	/			
	청력(좌/우)	/	/			
	혈압(최고/최저)	/ mmHg	/		139이하/89이하	140~159/90~94
요 검 사	요 당				음성	신 장
	요 단 백				음성	신 장
	요 잠 혈				음성	신 장
	요	pH			5.5~7.4	신 장
혈액	혈 색 소	g/cL			남:13~16.5 여:12~15.5	남:12~12.9, 16.6~17.5 여:10~11.9, 15.6~16.5
	혈당(식전)	g/cL			70~100	111~120
	총콜레스테롤	mg/cL			230 이하	231~250액
	혈청지오티	U/L			40 이하	41~50
	혈청지티피	U/L			30 이하	36~45
	감사지피티	U/L			남:11~63, 여:6~35	남:64~77, 여:36~45
	간 염 검 사					
	흉부방사선검사				정상, 비활동성	
자궁질탈세포병리 검사(자궁암조사)	유형별				정상	유형1, 유형2
	기 타				정상	
	소 견				정상	
	실 천 도 검 사					
진찰 및 상담	과 거 병 력			외상 및 후유증		
	생 활 습 관			일반실태		
	판 정			판정 의사	면허번호 의사명	
	소견 및 조치사항					
	요 양 기 관 기 호	검진기관명				
	검 진 일	판 정 일			통 보 일	

식 사 기 록 지 의 예

대 상 자 등록번호		성 명		일 시	

식사 끼니	먹음	안먹음	먹은 장소	음식명	재료명 (상품명)	섭취량 (부피실측량)	중량(g)
아침							
점심							
저녁							
간식							
건강식품(종류와 제품명, 섭취량)							
영양보충제(종류와 제품명, 섭취량)							

⑤ 기타 : 교육 정도, 가족사항, 직장, 술, 담배, 영양제, 운동·활동 정도, 영
양교육 경험, 식사준비자, 외식

(2) 영양 판정
① 체중 : 저체중·과체중·비만, 최근 현저한 체중 변화(%IBW, BMI, %체중
변화)
② 대사적 이상 : 혈당량·콜레스테롤·헤모글로빈 등
③ 평소 식습관과 생활습관 평가
• 장려해야 할 점(강점)
• 개선해야 할 점(문제점)
• 성인병 위험요인
④ 식사원칙에 대한 기본지식
⑤ 의욕 정도·가족의 지지도

사고방식과 태도에서 식습관 개선의 장애요인이나 긍정적 요인을 알아본다.

(3) 목표 설정
피상담자 자신이 현실적으로 실천 가능한 목표가 세워져야 하며, 상담자와 피
상담자의 공동참여가 효과적이다.

① 목표 체중 : 피상담자가 목표로 하는 체중은 표준체중·조정체중 혹은 적당
한 체중을 사용할 수 있다.
② 대사목표 : 기아 시 혈당량·헤모글로빈·콜레스테롤 등의 범위에 대해서
피상담자가 실현 가능한 현실적인 목표를 정한다.
③ 영양요구량 : 피상담자의 식습관과 의욕 정도를 참고하여 열량과 단백질,
기타 영양소의 요구량을 결정한다.

(4) 상담 실시
영양목표를 달성하기 위하여 학습 경험을 실시하는 과정으로서 식행동을 변화

시키는 데 필요한 정보를 제공한다. 피상담자의 교육수준 및 의욕 정도에 알맞은 학습방법과 교육자료를 선택하여야 한다.

① 식습관 평가 결과
- 장려해야 할 점과 개선해야 할 점을 알려 준다.
- 식습관 중 생화학적 검사나 체위 측정 결과와 연관되어 있는 점을 지적한다.
- 상담자가 가지고 있는 성인병 위험요인을 지적한다.

② 동기유발
- 식습관과 생활방식의 개선으로 얻는 이익을 강조한다.
- 개선되지 않을 때 초래될 수 있는 장기적인 불이익을 설명한다.

③ 식품선택과 식사계획
- 한 번에 너무 많은 내용을 가르치려고 하지 말고 '꼭 알아야 할 것'을 가르친 후 시간이 있으면 '알아서 좋은 것'을 가르치도록 한다.
- 교육자료
  - 인쇄물 : 기초식품군, 허용식품과 주의식품, 식품교환표, 식사계획표
  - 식품 모형 : 사진, 슬라이드, 비디오 등

④ 예상 식행동 변화
- 피상담자가 기꺼이 변화시킬 수 있는 식행동 1~2가지
- 식행동 변화에 필요한 구체적인 방법 제시

⑸ 상담 평가
영양상담 효과 평가에는 다음과 같은 몇 가지 요인을 고려해야 한다.

영양상담 효과 평가
- 식행동 변화 조사 평가
- 신체계측치 및 실험분석 자료 평가
- 사회심리적 분석 평가
- 내담자의 이해도 평가
- 추후 방문을 통한 문제해결 방안 평가

표 1-1 식행동 개선 평가표

	항 목	제1단계 월 일	제2단계 월 일	제3단계 월 일
1	보통 결식할 때가 많다(1일 3식을 기준으로).			
2	식사시간은 불규칙할 때가 많다.			
3	빨리 먹을 때가 많다(10분 이내).			
4	식사 후 휴식을 거의 하지 않는다.			
5	음식물에 대한 편식이 심한 편이다.			
6	간식은 거의 매일 먹는다.			
7	과자나 단 음식을 잘 먹는다.			
8	저녁식사 후 취침 사이에 야식을 잘 먹는다.			
9	배 부를 때까지 먹는다.			
10	과음할 때가 많다.			
11	밥을 하루에 평균 6공기 이상 먹는다(빵, 면류도 밥으로 환산해서 대답한다).			
12	커피, 홍차(설탕 포함)는 매일 3잔 이상 마신다.			
13	과식할 때가 많다.			
14	음식물은 잘 씹지 않고 먹는 편이다.			
15	육·어류 및 가공품은 별로 먹지 않는다.			
16	우유는 거의 마시지 않는다.			
17	달걀은 거의 먹지 않는다.			
18	콩, 두부 등 콩 제품은 잘 먹지 않는다.			
19	당근, 시금치 등 녹황색 야채는 잘 먹지 않는다.			
20	일반적으로 야채는 싫어하는 편이다.			
21	과일은 잘 안 먹는다.			
22	다시마, 미역, 김 등 해조류는 거의 먹지 않는다.			
23	돈가스, 스테이크, 불고기 등은 좋아해서 잘 먹는다.			
24	버터, 라드 등 동물성 유지를 잘 먹는다.			

영양상담의 결과 평가는 상담 직후 환자의 이해도 평가뿐만 아니라 추후 방문을 통한 문제해결 방안과 체중 및 생화학검사 변화에 따른 효과 평가를 포함한다.

① 단기 평가 – 이해도 평가

　상담 직후 간단한 검사나 메뉴 작성으로 이해도를 평가한다.

② 자기 평가 – 추후 방문 시

- 체중 변화나 생화학적 검사의 호전 여부로 영양상담의 효과를 평가한다.
- 식행동 개선의 장애요인을 분석하고 해결책을 강구한다.
- 필요시 영양목표를 재설정한다.

추후 방문의 필요 횟수는 각 질환에 따라 다르며, 당뇨·비만·신장 등의 만성 질환은 고혈압·위장 질환 등에 비해서 훨씬 더 많은 추후 방문이 필요하다.

제2장

영양교육 과정과
수업설계

1 초등학교 교육과정과 영양교육

1 초등학교 교과과정

교육과정은 교육에서 가르쳐야 할 내용을 항목으로 나열한 교수요목이다. 즉, 각 학급별·학년별·과목별로 가르치고 배워야 할 내용을 항목에 따라 나열해 놓은 것이다.

오늘날의 교육은 자기 주도적 학습 능력, 비판적 사고 능력, 추론 능력, 타인을 배려하는 인간관계 능력 등을 중시하고 있다. 그리고 공급자 중심의 교육에서 학습자 중심의 교육으로 바뀌고 있다.

우리나라의 교과과정은 이론적으로 '실천문제 중심 접근법'을 토대로 하면서 통합적 접근법을 영양교육 과정에도 적용할 필요가 있다. 현재 사용하고 있는 제

표 2-1 제7차 교육과정이 추구하는 인간상과 학교급별 교육목표의 관계

교육목표 인간상	초등학교
전인적 성장의 기반 위에 개성을 추구하는 사람	몸과 마음이 균형 있게 자랄 수 있는 다양한 경험을 가진다.
기초 능력을 토대로 창의적인 능력을 발휘하는 사람	일상생활의 문제를 인식하고 해결하는 기초 능력을 기르고, 자신의 생각과 느낌을 다양하게 표현하는 경험을 가진다.
폭넓은 교양을 바탕으로 진로를 개척하는 사람	다양한 일의 세계를 이해할 수 있는 폭넓은 학습 경험을 가진다.
우리 문화에 대한 이해의 토대 위에 새로운 가치를 창조하는 사람	우리의 전통과 문화를 이해하고 애호하는 태도를 가진다.
민주시민을 기초로 공동체 발전에 공헌하는 사람	일상생활에 필요한 기본 생활습관을 기르고 이웃과 나라를 사랑하는 마음씨를 가진다.

7차 교육과정은 모든 교육기관에 적용되는 교육과정이며, 학급별 개념이 아니라 학년별 또는 단계 개념에 기초하여 일관성 있게 구성되었다.

2 영양교육 관련 교과과정

1) 정규교과 과정

우리나라의 영양교육 교과과정은 확립된 것이 없으나 제6차 교육과정보다 제7차 교육과정에는 영양 관련 내용이 증가되었다.

초등학교의 학년별·교과목별 영양교육 내용의 분포는 〈표 2-2〉와 같다.

각 교과목의 교과과정이 상호 연계 없이 독립적으로 책정됨에 따라 교과목 간 영양 관련 내용도 조정되지 않아 중복되는 내용이 있다. 또한 학년별 수준도 각기 차이가 있어 학습자에게 혼란을 줄 수 있다. 같은 교과목 안에서도 체계가 잡히지 않은 실정이다.

영양교육 내용 편제상의 문제점은 초등학교 저학년에는 영양교육에 대한 내용이 없어 조기에 체계적인 영양교육을 할 수 없다는 것과 그 중요성에 비하여 학습시간 배분이 너무 적다는 것이다. 우리나라도 영양교사가 배출되므로 실제적인 영양교육을 하기 위해서 영양교육체계를 확립하는 것이 필요하다.

2) 특별활동교육

개성 및 소질 개발이 특별활동을 강화하는 실천교육의 장으로, 학교에 따라 실과부, 가사부 등을 조직하여 주 1회 1~2시간씩 영양, 조리지식뿐만 아니라 식사생활 예절, 전통음식의 중요성과 간단한 음식 만들기 등의 실습을 통해 교사와 영양사가 교육시킨다.

최근 비만아동반, 편식아동반, 영양정보반, 식생활문화반 등이 효과적으로 운영되고 있다.

표 2-2 초등학교 학년별 · 교과목별 영양교육 내용 분포

학년	교과목별	학년	교과목별
1학년	(슬생) 안전하게 생활하기 • 소꿉놀이 : 먹는 것과 먹지 못하는 것 발표하기, 음식 분류하기, 안전한 음식에 대하여 발표하기, 함부로 먹지 않아야 할 것 발표하기	4학년	(도덕) 사회생활 • 공공장소에서의 예절과 질서 (사회) 인간과 사회 • 지역사회 생산활동 (체육) 보건 • 신체성장과 발달의 이해 · 적용 신체구조와 성장 • 질병예방법의 이해 · 적용 • 호흡기, 소화기 등의 질병 예방
2학년		5학년	(실과) 아동의 영양과 식사 • 아동의 영양과 식품 • 조리기구 다루기 • 간단한 조리 하기 (사회) 우리 국토의 모습 • 우리나라의 자연환경과 생활 (과학) 우리 몸의 생김새 (체육) 보건 • 신체 성장과 발달의 이해 · 적용 올바른 영양섭취와 건강 • 질병예방법의 이해 · 적용 • 식품위생과 질병예방법
3학년	(도덕) 개인생활 • 청결, 위생, 정리정돈 • 환경 보호 (사회) 고장의 모습과 생활 • 고장 생활의 중심지 • 놀이와 행사의 변화 (체육) 보건 • 신체 성장과 발달의 이해 · 적용 올바른 생활습관과 건강 등 감각 기관 등의 질병 예방	6학년	(실과) 간단한 음식 만들기 • 식품 고르기와 두기 • 밥과 빵을 이용한 음식 만들기 (체육) 보건 • 질병예방법의 이해 · 적용 개인의 건강과 공중보건 • 공중보건 개인의 건강과 관리

표 2-3 영양교육의 내용 체계

구분	실과	체육
3학년		• 신체 성장과 발달 • 건강한 생활습관
5학년	• 아동의 영양과 식사 • 아동의 영양과 식품 • 조리기구 다루기 • 간단한 조리 하기	• 우리 몸의 이해 • 성장, 발달과 영양 • 영양소와 건강 • 알맞은 음식물 섭취 • 질병예방법 필수 내용 • 질병의 예방 • 식품위생과 건강 • 식품 및 알레르기 • 전염병의 종류와 예방법 • 흡연과 알코올의 피해
6학년	• 간단한 음식 만들기 • 식품 고르기와 다루기 • 밥과 빵을 이용한 음식 만들기	• 우리 몸의 이해 • 비만과 운동

3 초등학교 영양교육의 목표

초등학교 교육과정에서 영양교육의 목적은 다음과 같다.

① 영양과 건강 관련성의 이해
② 식품에 대한 이해
③ 식행동의 사회 · 문화적 측면의 이해
④ 식생활과 관련된 문제해결 능력의 배양

이러한 목적을 달성하기 위하여 영양교육의 목표와 내용이 선정 배열되는 교육과정이 필요하다.

영양교육의 목표와 내용을 소개하면 〈표 2-4〉와 같다.

표 2-4 영양교육의 목표와 내용

구분	목표 1 : 성장발달에서 영양의 중요성, 영양과 건강 관계에 대해 이해한다.	목표 2 : 영양소의 역할과 기능에 대해 이해한다.	목표 3 : 식사의 적합성과 올바른 식습관에 대해 이해한다.
1	• 성장발달과 영양 - 생명유지, 성장에서 식품과 음식의 중요성, 필수성	• 매일 필요한 식품의 종류	• 건강한 생활습관과 식생활 익히기
2	• 성장발달과 영양 - 키와 체중의 변화 조사 (실제 계측 및 성장을 위한 노력)	• 식품 분류	• 건강을 위한 간식과 식사의 역할
3	• 성장발달과 영양 - 체격에 따른 영양요구 차이 이해	• 기초식품군 무엇인지 - 음식을 골고루 섭취하는 태도	• 식습관 : 골고루 섭취
4	• 성장발달과 영양 - 일생 동안 신체가 변하는 과정, 영양의 중요성	• 기초 식품군 무엇인지 - 음식을 골고루 섭취하는 태도	• 식습관 : 알맞게, 제때에 섭취
5	• 영양과 건강 - 비만이란, 판정, 비만의 문제점	• 영양소의 체내 기능 - 영양소의 종류와 역할 - 5대 영양소의 식품급원	• 식품선택과 식사의 적합성
6	• 영양과 건강 - 최근 어린이들의 식습관과 건강문제	• 영양소의 체내 기능 - 영양소의 종류와 역할 - 5대 영양소의 식품급원	• 올바른 식생활 계획 및 실천

2 수업설계의 원리와 기법

1 수업설계의 의의와 요소

모든 영양교육은 수업을 통해 이루어진다. 수업은 교수가 적절한 학습활동을 통해 지식을 전달하고 경험을 제공하며, 학습이 촉진되도록 하는 일련의 계획된 활동을 이르며 가르치는 행동뿐만 아니라 다양한 교육매체(교재, 그림, TV, 프로그램, 컴퓨터 등)가 제공하는 모든 경험도 포함된다.

수업설계(instructional design)란 교육 시 발생하는 학습요구나 학습문제를 해결할 목적으로 일련의 계획을 수립하고 프로그램을 개발하는 과정이며, 효율적이고 효과적인 수업을 성취하기 위한 수단이다.

효과적인 영양교육을 하기 위해서 수업설계는 중요하며, 학습지도안으로 계획된다. 영양교육을 실시하기 위해서는 교육대상자에게 분명한 교육목표가 있어야하며, 이를 이루기 위한 교육내용과 전개하는 방법 및 절차를 사전에 계획해야한다.

체계적인 수업설계의 의의

① 교육대상자에게 필요한 교육목표를 명확히 할 수 있다.

② 교육목표에 맞는 체계적이고 과학적인 교육과정을 개발할 수 있다.

③ 수업을 설계해 봄으로써 설정된 학습목표와 그에 맞는 내용, 방법, 매체 등의 유기적 통합을 통해 학습효과를 극대화할 수 있다.

④ 수업에 관한 전체적인 큰 그림을 제공해 줌으로써 수업설계, 개발, 실행에 관련되어 있는 모든 사람 간의 의사소통을 가능하게 한다.

⑤ 수업과정 중에 일어날 수 있는 오류나 잘못을 사전에 찾아내어 교정할 수 있게 해 준다.

⑥ 학습자 입장에서 수업을 계획함으로써 학습자에게 동기 부여를 할 수 있다.

수업설계의 과정은 일정하게 정해진 틀은 없지만 체계적인 수업설계 시 일반적으로 고려해야 할 요소는 학습목표의 설정 – 분석(학습자, 학습환경, 학습과제 등) – 학습전략의 설정 – 평가 등이다. 이러한 요소를 고려하여 딕(Dick)과 케리(Carey)가 제시한 수업설계의 요소를 보면 다음과 같다.

- 학습목표 : 학습자는 무엇을 학습해야 하는가?
- 학습전략, 학습활동, 학습자료, 매체 : 학습목표를 어떻게 달성할까?
- 학습평가 : 학습자가 수업목표를 달성하였는가?

요구분석 → 학습자 목표설정 → 수업분석 → 학습자 환경분석 → 수행목표 진술 → 도구개발 → 수업전략 개발 → 수업자료 선택 및 개발 → 형성 평가 설계 및 실시 → 총괄 평가의 순으로 진행된다.

이러한 내용은 영양교육의 실시과정에서 이미 다루었다.

2 수업체계

수업을 실시하기 위하여 수업설계를 하고 구체적인 수업지도안을 작성하게 된다. 한국교육개발원은 수업이 실시되는 수업체계를 수업 전 계획단계, 수업활동은 '진단단계', '지도단계', '발전단계', '평가단계'로 구분하여 제시하였다.

① 계획단계 : 교사가 한 단원 혹은 한 제재의 수업을 준비하기 위해 교재연구를 하거나 수업계획을 짜는 단계이다.

② 진단단계 : 학습자들이 새로운 단원의 학습에 필요한 능력을 갖추고 있는지 진단하고, 그에 따라 적절한 조치를 취하는 단계이다.

③ 지도단계 : 해당 단원의 수업목표를 달성하거나 본수업이 이루어지는 단계이다.

④ 발전단계 : 지도단계에서 학습자들이 학습한 정도나 과정을 중도에 확인(혹은 평가)하고, 그 성과에 따라 심화학습이나 보충학습의 기회를 제공하는 단

계이다.

⑤ 평가단계 : 그 단원에서 의도한 단원의 목표를 학습자들이 어느 정도 달성하였는지를 평가하기 위해서 필요한 활동을 하는 단계이다. 따라서 이 단계가 끝나면 한 단원의 수업이 끝나고 다음 단원으로 나아가게 된다.

I 계획단계	II 진단단계	III 지도단계	IV 발전단계	V 평가단계
• 한 단원, 한 시간의 수업준비 • 교재연구 • 수업계획 짜기	• 학습자의 단원학습 능력진단	• 수업목표 달성 • 수업	• 학습자의 학습정도 확인 • 심화, 보충학습 기회 제공	• 단원목표 달성도 평가함 • 단원수업 정리

3 수업설계의 원리

수업의 학습목표를 효과적으로 달성하기 위해서 적용되는 수업설계 시 포함되어야 하는 원리를 어린이 비만 교육 수업설계의 예를 들어 설명해 보자.

수업설계 시 고려해야 할 교수 원리

- 학습동기 유발
- 학습자의 학습상태 분석
- 수준별 학습내용 제시
- 연습 및 학습자 참여도 증진
- 학습과정 확인과 피드백
- 전이와 일반화 등

1) 학습목표 제시

학습자가 왜 이 학습을 해야 하는지, 무엇을 해야 하는지 등의 학습목표를 인지하고 절차를 이해하면 학습이 촉진되므로, 학습자에게 학습목표와 학습과정을 알려 준다.

비만아동이 체중을 감소시켜야 하는 이유와 어떻게 체중을 감소시키며 얼마나 감소시킬 것인가 하는 목표를 알도록 한다. 그러면 아동은 학습목표를 분명히 알게 되며 어떠한 과정을 거쳐야 하는지 학습과정을 알게 된다.

2) 학습자의 동기 유발

교육은 학습자가 스스로 주도적으로 학습에 참여할 때 가장 효과적으로 이루어진다. 또한 학습자가 학습과제에 집중하면 수업을 쉽게 진행할 수 있다. 따라서 수업 도입부에 학습자가 학습목표와 학습과제에 대해 호기심과 흥미를 갖도록 학습동기를 높이는 방법을 계획한다.

비만아동들에게 자신들이 체중조절을 해본 경험이 있는지 발표할 기회를 준다. 뚱뚱해진 이유를 설명하게 하거나 비만했다가 날씬해진 유명인이나 아이들이 좋아하는 사람의 체형을 얘기해 본다. 이렇게 함으로써 스스로 학습의욕을 높일 수 있게 된다.

3) 학습결손 및 발견과 처치

학습자의 선수학습 내용을 알아보고 수업을 계획한다. 만약 학습결손이 있다면 그 정도를 진단하고 교정학습을 실시한다. 또한 필요할 경우 학습의 결손을 초래하는 근본적인 원인을 규명하여 처치한다.

비만에 대해 무엇을 알고 있는지 건강과 영양에 대한 지식은 있는지 등을 알아보고, 학습진도 내용을 따라 하지 못할 경우 선수학습을 시키는 내용을 포함시킨다.

4) 수준별 학습내용의 제시

학습자의 수준에 알맞게 학습자료와 활동을 개별화시켜 주며, 개개인에 맞는 학습지도 방법을 선택한다.

수업참가자인 학습자가 소규모일 때 각자 수준에 알맞게 설명을 하고, 학습자료와 개별 식이섭취, 운동 종류 등을 개별화시켜 실시할 수 있게 한다.

5) 연습 및 학습자의 참여

학습자가 학습내용을 완전히 이해하고 수업 참여도를 높이기 위해 연습할 내용을 수업설계 시 계획하고, 학습자를 어떻게 참여시킬지 계획한다.

일방적인 교수자의 설명으로 영양지식을 전달하기보다는 실제 식품 그림 붙이기, 역할놀이, 인형극, 노래 등 다양한 활동을 통해서 학습자가 참여할 수 있도록 계획한다. 특히, 어릴수록 학습자 참여는 필수적이다.

6) 학습과정의 확인과 피드백

학습결과에 대해 즉각 알려 주고, 그에 따른 강화가 있을 때 학습은 효율적으로 이루어지므로, 수시로 형성 평가를 실시하여 학습과정을 확인한다.

수업 전에 학습자에게 평가기준을 알려 주고, 학습자 자신이 학습결과를 평가할 수 있는 기회를 주며, 학습과제를 소단위로 나누어 각 단위의 마지막에 평가하고 학습자에게 결과를 알려 준다.

예로 에너지를 많이 내는 식품이나 요리 등을 구분하거나 얼마 정도가 들어 있는지를 가르쳐 준 후 질문을 통하여 구분할 수 있는지 평가한다.

7) 전이 및 일반화

학습이 완료되었을 때 기대되는 결과나 모델을 관찰하고 모방하면 학습이 촉진된다. 또한 학습자료를 간단한 것에서 복잡한 것으로, 친숙한 것에서 친숙하지 않은 것으로 제시하며, 단순암기나 공식에 의한 학습보다 이해하는 학습을 하고, 학습한 행동을 익숙한 주변생활 문제에 적응해 보는 경험을 하도록 한다.

소그룹으로 에너지가 적은 식품 중 하루에 먹고 싶은 간식과 식사를 선택하게 하여 서로 평가해 보도록 한다.

4 교수기법

영양교육의 학습효과를 높이기 위해 영양교육자들은 수업현장에서 사용할 수 있는 효율적인 교수기법을 알아 두도록 한다. 효율적으로 가르치기 위한 교수기법에는 태도, 조직화, 의사소통, 주의집중, 피드백, 모니터링, 점검과 정리, 질문하기 등이 있다. 수업내용이 대상자에게 적절하게 구성되었다 하더라도 잘 가르치지 못하면 전달되는 교육효과가 줄어들 수 있다. 따라서 교육효과를 높이기 위하여 교수기법의 요소들을 어떻게 사용할 것인지 고려해야 한다.

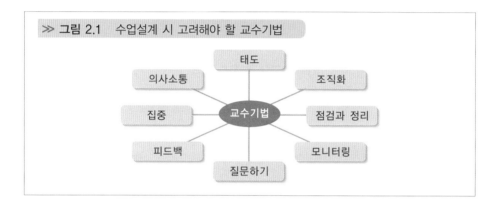

≫ 그림 2.1 수업설계 시 고려해야 할 교수기법

① 적극적인 자세

② 조직화

③ 의사소통

④ 집중시키기와 질문하기

⑤ 모니터링과 피드백

⑥ 점검과 정리

3 수업지도안

1 수업지도의 단계별 내용

수업지도안은 정해진 단위의 학습을 예상하는 목표에 도달시키기 위한 교수활동과 학습활동을 일체로 통합시킨 학습과정 전개의 계획서이며 설계도이다. 모든 교육에서와 마찬가지로 영양에 관한 교육도 교육 실시에 앞서 교육자는 학습자의 교육수준과 식생활, 영양, 건강 등의 기초적인 실태를 파악하여 문제점을 찾아내어 분석한 후 교육계획을 수립해야 한다. 또한 수업 후에 기대되는 학습결과로서의 수업목표를 설정하고 수업활동의 기본적인 특성과 수업의 조직은 어떻게 할 것인가에 대하여 결정한다.

수업지도안 작성 시 고려해야 할 사항

① 학습과제 분석표의 아랫단계에서 윗단계 수준으로 가르친다.
② 단순하고 쉬운 과제를 먼저 제시하고, 복잡하고 어려운 과제는 나중에 제시한다.
③ 한 수업목표의 학습이 다음 수업목표의 학습에 최대한 전이될 수 있도록 배열해야 한다.
④ 공통요소는 가능한 한 초기단계에서 가르친다.
⑤ 한 수업목표가 다른 수업목표의 선수학습 능력이 될 경우에는 선수학습 능력이 되는 것부터 먼저 가르친다.
⑥ 작업의 의존성에 따라 순서를 결정한다.

1) 학습도입단계

새로운 학습을 시작하려고 할 때는 학습의 필요한 목적 또는 학습내용의 개관이나 학습방법에 대한 개요를 인식할 수 있도록 해 주어야 한다. 이러한 도입단계의 지도수단을 분류하면 다음과 같다.

- 교사의 설명 : 학습내용과 관련된 과거의 경험을 상기시키는 설명을 한 후 문제 의식과 학습 의욕을 일으킨다.
- 전시의 학습 : 전시 학습의 내용을 반복 설명하거나 학습자에게 요점이나 내용을 발표시킨다.
- 교사의 질문 : 본시 학습에 대한 교사 질문에 대한 학습자의 대답에 따라 학습 방향을 정하고 전시 학습과 연결되는 학습내용을 환기시킨다.
- 자료 준비 : 본시 학습에 대한 자료 준비 등을 예고하고 주의사항을 설명하면서 의욕을 고취시킨다.
- 교과서 내용 : 교과서 내용을 읽어 주면서 학습자 관심을 환기시킨다. 시청각 교구를 이용하거나, 학습자의 발표나 질문으로 학습의욕을 유도한다.

　도입은 지도수단이므로 2~3분, 길어야 4~5분 정도를 차지하는데, 도입단계 시간이 길어지면 학습의욕도 상실되고 전개과정의 시간이 부족해진다. 따라서 이러한 도입단계에서는 효율적인 교육을 위해 아동들에게 적합한 식생활, 영양, 건강 등의 문제점에 대한 흥미를 유발시키도록 하며 본교육에 들어가야 한다.

2) 학습전개단계

　교육의 내용은 학생들이 배워야 할 단원의 개념, 원리, 지식, 기능이 포함되어야 하는데, 이때 학습을 하기 위한 교재이자 도구로 교과서를 사용한다.

　널리 사용되는 교재의 범위는 교과서, 실물, 표본, 모형 사진이나 그림, 궤도, 칠판, 융판, 게시판, 연시, 전시, 견학, 슬라이드, 영화, 투시환, 등기, 실물 환등기, 라디오, TV를 비롯한 최신 컴퓨터 등이다. 학습자가 실질적인 경험을 해볼 수 있도록, 예를 들어 역할극, 그림동화 이야기, 인형극, 놀이, 실습 등의 수업을 전개하면 교육의 효과가 더욱 증대된다.

3) 학습정리단계

교육실시에 따른 교재나 자료의 수집과 학습 후 기대되는 행동의 장기적 · 단기적인 학습목표를 고시하며, 교육 후의 피드백은 교육의 성취도를 높일 수 있다.

2 학습지도안의 작성

1) 학습지도안 양식

학습지도안은 일정한 틀에 박힌 형식이 있는 것은 아니다. 학습의 성격, 학습의 형태, 학습의 내용, 학습자의 준비도나 교사의 개성, 교육관에 따라 달라지기 때문이다. 일반적으로 많이 쓰이고 있는 학습지도안의 양식은 다음과 같다.

학습지도안의 작성 양식

Ⅰ. 단원명
 대단원
 소단원

Ⅱ. 단원 설정 이유
 1. 학습심리상(학습 필요와 흥미상의 적부)
 2. 학습경험상
 3. 사회적 요구상

Ⅲ. 단원의 최종 수업목표

Ⅳ. 학습과제 분석과 학습지도 내용
 1. 학습과제 분석체계표를 작성한다.
 2. 학습지도 내용을 조목별로 명기한다.

Ⅴ. 단원의 수업목표
 1. 이해면 : 인지적 영역목표
 2. 태도면 : 정의적 영역목표
 3. 기능면 : 운동기능 영역목표

Ⅵ. 단원 학습지도 계획

주제	시간 배당	자료	교과 관련			준비물
			단원명의 관련	타교와 관련	특별활동, 행사, 생활 관련	준비물

Ⅶ. 본시 수업의 학습활동 지도안

  1. 본시 수업의 목표

     본시 수업의 목표를 진술한다.

  2. 지도 순서

수업단계	수업사태	지도내용	교수-학습 활동		교수-학습 자료	시간 배정
			학생	교사		
도입	1. 선행학습 재생의 자극 2. 주의 포착 3. 수업목표의 명시 통보 4. 자극자료 제시					

전개	5. 학습 안내 및 지도
	  수업목표 Ⅰ
	  수업목표 Ⅱ
	  수업목표 Ⅲ					

정리	6. 성취행동 유발 7. 오류 수정 및 피드백 제공 8. 파지 및 전이 9. 차시 수업 예고					

2) 정규교과목의 실제 구성안 예 Ⅰ

① 교과과정 내 건강한 식생활지도

1~2학년의 즐거운 생활 단원 중 건강한 식생활에서 다루는 교육내용의 예이다.

• 본시 주제 : 편식

• 학습목표 : 편식을 하였을 때 우리 몸에 일어나는 변화를 알고 음식을 골고루 먹는 습관을 기른다.

• 관련 교과목 : 1, 2학년 즐거운 생활

• 학습자료 : OHP, 녹음기

- 단원명 : 건강한 식생활
- 난이도 : 초등 1, 2학년용

표 2-5 정규교과목의 실제 구성안 예 I

단계	시간	지도내용	교수-학습 활동		자료 및 유의점
			교사	아동	
도입	5분	동기 유발 학습문제 확인	• 먹고 싶은 음식은 무엇입니까? • 먹기 싫은 음식은 무엇입니까? • 왜 먹기 싫은지 얘기해 봅시다. • 이번 시간에 학습할 내용을 알아볼까요? -편식을 하였을 때 우리 몸에 일어나는 변화를 알아보고 올바른 식습관을 갖는다.	- 자유롭게 발표하기	• 발표한 아동이 싫어하는 음식을 기록해 둔다.
전개	30분	음식물이 하는 일 올바른 식습관	〈동화구연하기〉 〈동화내용 파악하기〉 • 토순이는 음식을 골고루 먹었나요? • 토순이는 어떤 음식을 먹지 않았나요? • 토순이가 음식을 골고루 먹지 않아 어떻게 되었나요? • 음식물이 우리 몸에서 하는 일은 무엇일까요? • 올바른 식습관은 어떤 것인지 발표해 볼까요?	- 아니오. - 콩, 된장국, 시금치나물, 김치, 멸치볶음입니다. - 다리도 빨리 아프고 힘도 없었습니다. 이가 썩었습니다. 친구들과 재미있게 놀지 못했습니다. - 활동할 수 있는 힘을 줍니다. 뼈와 이를 튼튼하게 합니다. 키가 자라고 몸을 크게 합니다. - 음식을 골고루 먹습니다. 적당한 양을 먹습니다. 불량식품을 사 먹지 않습니다. 감사하는 마음으로 먹습니다.	• 카세트테이프, OHP(홍미 유발을 위해 삽화를 OHP로 만들어 장면 장면을 제시한다. 연극지도를 할 수 있다.) • OHP

단계	시간	지도내용	교수-학습 활동		자료 및 유의점
			교사	아동	
정리	5분	학습결과 확인	• 앞으로 어떻게 식사를 할 것인지 발표해 볼까요?	- 음식을 골고루 가리지 않고 먹겠습니다. - 감사하는 마음으로 먹겠습니다. - 알맞은 양을 먹습니다.	

3) 특별활동반 예

표 2-6 편식아반 프로그램 및 주별 학습지도안

(A)

기간	주제	학습목표
1주	교육과정 소개 및 자기소개서 작성	• 교과과정을 소개한다. • 교육에 참가한 아동에 대해 파악한다(자기소개서, 상담기록 작성 및 체위 측정). • 기호도 조사, 식습관 조사, 영양지식 조사
2주	편식	• 음식의 중요성을 알고, 음식을 골고루 먹는 태도를 갖는다. • 올바른 식사태도를 익힌다.
3주	영양소의 역할 및 균형식	• 영양소의 역할에 대해 알아본다. • 균형식에 대해 알아본다. • 무기질, 비타민 종류 및 기능에 대해 알아본다.
4주	비타민과 무기질이 풍부한 채소, 과일 식품	• 게임을 통해 흥미롭게 각 식품군의 식품을 알게 한다. • 아동들이 주로 기피하는 채소를 위주로 알아본다.
5주	역할극을 통한 식습관의 조명	• 역할극을 통해 식품이 몸속에 들어가면 어떠한 영향을 주는지에 대해 이야기한다.
6주	튼튼이반 참여 소감 발표 및 기호도, 식습관, 영양지식의 변화 조사	• 튼튼이반에 참여한 소감을 발표하고 평가한다. • 튼튼이반에 참여한 후 기호도, 식습관, 영양지식의 변화를 알아본다.

(B)

단원	편식과 바른 식습관			차시 2/6
주제	편식			
수업목표	영양소의 역할에 대해서 알아본다. 균형식에 대해서 알아본다.			
학습목표	1. 음식의 중요성을 알고, 음식을 골고루 먹는 태도를 갖는다. 2. 올바른 식사태도를 익힌다.			학습준비물 : 스케치북, 색연필
수업구조	원숭이 나라 동화 듣기　　편식의 정의, 증상,　→　원숭이 나라 　　　　　원인, 교정법 알기　　　동화 듣기			

학습단계	시간	학습내용	학습활동	자료 및 유의점
도입	15분	• 원숭이 나라 　동화 듣기	• 원숭이 나라의 동화를 들려주어 흥미 　를 유발시킨다. 〈질문〉 1. 게으름이는 맛있는 것을 많이 먹었는 　데 왜 몸이 아프고 살만 쪘을까요? 2. 튼튼이는 어떻게 대장 원숭이가 되었 　을까요? 3. 게으름이는 왜 대장 원숭이가 못 되 　었을까요? • 학부모님용 설문지를 제출하게 한다.	OHP
전개	15분	• 올바른 식품 　선택하기 • 음식물 안 　남기기 • 식사태도 　알아보기	• 많은 음식물이 있는데 이 중에는 우 　리 몸에 이로운 음식과 해로운 음식 　이 있다. - 영양신호등으로 이로운 음식과 해로 　운 음식에 대해 설명한다. • 동화에서 만약 우리가 음식을 버리지 　않았다면 게으름이는 무엇을 먹었을 　까요? - 우리가 먹고 버리는 음식물이 썩어 강 　물과 산 등 자연을 오염시켜 비정상적 　인 모습의 생명체가 나타난다. • 올바른 식사태도 익히기 - 아동들에게 발표하게 한다. • OHP의 그림을 보고 올바른 식사태도 　에 대해서 복습한다.	보드판 OHP
정리	10분	• 노래 배우기	• '튼튼이가 될 거야' 노래 부르기 • 다음 차시 예고	가사악보 보드판

3 초등학교 영양교육

1) 초등학교 영양교육의 의의

초등학교 과정의 학동들은 성장이 지속되면서 조직의 발달과 기능이 충실해지며, 특히 골격의 성장이 활발하고 여아들은 남아보다 빨리 성장한다. 정서적·지적 발달과 사회성의 발달이 함께 이루어지며 가치관이 함께 형성되는 시기이다. 따라서 이 시기는 성장과 발달을 위한 영양공급은 물론 식생활 교육을 통하여 올바른 식습관을 형성하여 식생활을 할 수 있도록 돕는 영양교육이 중요하다. 예전에는 밥을 먹으면서 가르치던 밥상머리 교육이었지만 요즈음은 가족이 함께 식사하는 기회가 적어지고 바쁜 생활로 인해 이러한 교육이 어려워졌다. 따라서 학교에서의 식사지도와 영양교육의 중요성이 증대되고 있다.

학동기에는 영양부족으로 인한 현상과 인스턴트식품, 기름진 음식 선호와 운동 부족 등의 영양과다로 인한 비만, 고지혈증이 발생하고 있어 건강증진 면에서도 영양교육을 강화해야 할 필요성이 증가되고 있다.

학교급식을 통한 적절한 영양소 공급으로 아동의 건강증진과 체위·체력 향상에 기여하고, 나아가 학교급식 체험을 통하여 올바른 식사태도와 식습관을 몸에 익히도록 한다. 학교급식은 영양교육을 실시할 수 있는 좋은 기회이며, 학생들에게 집단 영양지도의 기회를 제공한다. 또한 같은 음식을 먹음으로써 학생들 간의 동료의식을 기르며 협력해 나갈 수 있는 기회를 제공한다.

식사에 대한 감사한 마음을 갖게 하고 식사예의나 올바른 생활태도를 익히도록 한다.

2) 초등학교 영양교육

학교의 영양교육은 주로 정규교육인 실과와 체육 등에서 이루어지고 있다. 비정규교육으로는 학교급식이 교육의 일환으로 운영되고 있는 관계로 학교급식과 연계된 영양교육이 실시되고 있다. 그리고 학교 영양교사들의 특별활동교육으로 식생활문화부, 조리실습부, 식생활지도부(비만교실), 튼튼이부(편식지도) 등이 운영되고 있다. 이 외에도 학교 내 방송교육, 가정통신을 이용한 교육, 급식실천교육 등 간헐적으로 영양교육이 실시되고 있다.

(I) 초등학교 교육과정 및 교과목별 영양교육 내용 체계 및 분포

초등학교 교육과정 중 교과목별 영양교육 내용 체계는 앞에서 본 〈표 2-3〉과 같다. 학년별·교과목별 영양교육 내용 분포도 〈표 2-2〉에 나와 있으며, 교과과정상 영양교육은 '실과'에서 초등학교 5학년부터 시작한다. 영양교육 내용 편제상의 문제점은 크게 두 가지로 요약할 수 있다. 초등학교 저학년에는 영양교육에 대한 내용이 없어 조기에 체계적인 영양교육을 할 수 없다는 것과 그 중요성에 비하여 학습시간 배분이 너무 적다는 것이다.

영양교육의 주요 내용은 '아동의 영양과 식사 – 식품, 조리기구'(5학년), ' 간단한 음식 만들기 – 식품 고르기, 밥과 빵을 이용한 음식 만들기'(6학년)로 구성되어 있다. 이 내용은 전통적인 영양교육 기본 요소인 '영양소, 음식선택, 조리, 음식문화'까지 포함하고 있다.

(2) 교육목표와 내용

학령기의 영양교육의 목표는 크게 다음 세 가지로 나눌 수 있다.

첫째, 어린이가 현재 영양과 관련하여 대두되고 있는 문제점을 이해하는 데 필요한 지식, 기술, 태도를 갖게 한다.

둘째, 음식과 질병의 관계에 관한 많은 연구를 근거로 질병의 위험을 감소시킨다.

셋째, 우리나라 식량 자원의 생산, 분배, 합리적인 소비에 대한 지식을 갖도록 한다.

학교의 영양교육은 교과과정에 맞추어서 적합한 내용과 순서로 전달되어야 하며, 교육을 담당하는 사람은 영양에 대한 지식이 있어야 한다. 어린이의 영양교육 프로그램이 성공을 거두기 위해서는 식이요법과 운동요법을 병행해야 하며, 이때 부모나 가족의 협조가 반드시 필요하고, 프로그램은 흥미를 유발할 수 있도록 구성되어야 한다.

(3) 교육방법과 기술

　학교의 영양교육에서 가장 큰 비중을 차지하는 것은 학교급식을 통하여 식습관을 교정하고 식사예절을 배우는 것이다. 하지만 영양교육은 급식시간에 한정하지 않고 다른 학과목이나 특별활동을 통해서, 가정통신을 통해서 실시하는 것이 바람직하다. 나아가서 학교·가정·지역과도 연계할 수 있다. 우선 교과목 교사와 TT(Team Teaching)를 하는 것이 좋다. 국어시간에는 식품의 이름을 쓰도록 하거나 식품, 건강, 영양에 관련된 내용의 문장을 많이 알려 주는 방법으로 교육할 수 있으며, 수학시간에는 식품의 그림을 이용하여 식품을 세고 계산하면서 식품을 눈에 익히도록 한다. 과학시간에는 식품으로 음식을 만들 때 어떤 변화가 일어나는지, 음식이 우리 몸에 들어가서 어떻게 소화되고 변화되는지에 관하여 배우고, 사회시간에는 우리 지역에서 생산되는 농산물, 수입되는 농산물, 과잉 생산된 농산물에 대한 소비방법 등에 대하여 학습한다. 음악시간에는 식품과 영양에 관련된 가사로 노래공부를 할 수 있고, 실과시간에는 우리가 먹는 야채의 성장에 대하여 배운다. 또한 특별활동시간에는 역할극, 인형극, 소집단 토의, 비디오 상영 등을 활용하면 좋은 결과를 가져올 수 있고, 교내벽보, 교내신문, 교내방송을 이용한 영양교육도 효과를 볼 수 있다.

4 영양교육 매체

1 교육매체와 학습 경험

　매체는 교육자와 교육대상자 사이에서 교육의 효과를 극대화하기 위한 모든 학습에 도움이 되는 자료나 기구로 정의한다. 이에 따라 넓은 의미로는 교육자료를 포함하는 일체의 교육환경을 의미하지만, 좁은 의미로는 대개 시청각교육을 의미한다. 언어에 치중하는 정통적인 교육방법 대신에 시각·청각·후각·미각의 구체적인 감각활동을 통하여 교육의 효율화를 꾀하는 방법을 뜻한다. 영양교육에서 흔히 사용되는 매체의 범위는 시청각 매체를 뜻하며, VTR, 영사기, 비디오테이프, 컴퓨터 프로그램 등에 포함되어 왔다. 그러나 현대에는 매체 개념의 확대로 인해 시청각교재뿐만 아니라 교사의 메시지 내용, 학습환경 시설 등을 모두 포함하는 것으로 본다.

영양교육은 원활한 의사소통을 통해서 효과적으로 이루어질 수 있다. 이때 의사소통 과정은 피교육자인 상대방에게 내용을 전달하여 이해시키고 지식을 서로 공유하게 된다.

영양교육 시 매체를 통하여 교육내용을 전달하는데, 전달되는 내용은 받아들이는 수용자(학습자)에 따라 달라진다. 예를 들면 선생님이 같은 내용의 수업을 하더라도 수업내용을 받아들이는 학생들은 다르게 받아들일 수 있다. 즉, 학생의 지식수준이나 지리적·물리적 배경에 따라 다르게 받아들일 수 있다. 이는 똑같은 사람들이 똑같은 주제를 놓고 교육을 한다하더라도 상황에 따라서 다른 결과를 나타낼 수 있고, 수신자가 처한 환경에 따라서 그 내용이 다르게 전달될 수 있다는 것이다.

1) 교육매체와 학습 경험

시청각 교육매체가 본격적으로 활용된 것은 1935년부터이다. 무성영화의 출현과 더불어 말에만 의존하던 기존의 교육방법에서 탈피해 새로운 방법을 모색하기 시작하였다. 브루너(Bruner)는 학습자에게 제공되는 메시지(내용)는 직접적인 경험이나 활동을 통하여 경험의 영상적 단계와 상징적 단계를 거쳐 전개되어야 한다고 제시하였다. 즉, 학습내용을 제시할 때 영상적인 것과 상징적인 경험을 통하여 실제 경험을 제시하는 것이 효과적이라는 것이다. 데일(Dale)은 시청각 교육방법을 설명하면서 이를 뒷받침한 경험의 원추 모형을 이용하여 교육매체의 효율성을 입증하였다. 즉, 교육 경험을 크게 행동적·영상적·상징적 경험으로 분류하고 원추의 아래쪽에 위치할수록 구체적이고 생생한 경험이 되며, 위쪽에 위치할수록 추상성이 높은 경험의 성격을 띠게 된다고 하였다. 원추의 면적이 위로

통신과정의 SMCR 모형

1950년대에 접어들면서 통신이론의 발달과 함께 교육과정을 일종의 통신과정으로 보게 되었다. 통신이란 교육자인 송신자와 교육대상자인 수신자 사이의 의사소통으로 서로의 지식, 사상, 태도 등을 전달하게 된다. 대표적인 통신이론으로는 벌로 Berlo의 SMCR 모형을 들 수 있다. 송신자sender로부터 수신자receiver에게로 정보message가 통로channel인 감각기관을 거쳐 전달되는 통신과정을 분석해 놓은 것이다.

통신과정은 송신자와 수신자의 쌍방적인 상호 관계로, 효율적인 통신이 이루어지기 위해서는 송신자와 수신자의 통신기술과 태도를 비롯한 지적 능력 및 공통적인 사회·문화적 배경을 필요로 한다.

정보, 즉 전달내용은 조직적이고 체계화되어야 하며, 통신수단이 되는 감각기관이 효과적으로 동원되어야 한다. 정보를 감지하는 능력은 인간의 다섯 가지 감각기관, 즉, 시각·청각·촉각·후각·미각을 통해 발휘되고, 사고에 의해 가공되어 행동으로 활용된다.

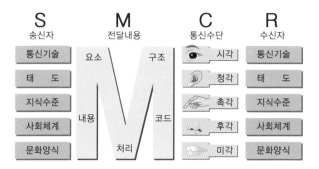

S：sender, M：message, C：channel, R：receiver
자료：박영숙 등, 2006

올라갈수록 좁아지는 것은 추상적인 것일수록 적게 활용되고, 구체적인 경험을 주는 것일수록 많이 활용됨을 의미한다. 그러나 구체적인 경험은 양도 많고 힘도 강하나 추상적 경험이 포함되지 않으면 사고판단 등의 정리가 잘 안 되며, 추상적인 경험일수록 같은 시간 안에 필요한 내용을 함축시켜 전달해야 한다. 따라서 경험을 통하여 얻을 수 있는 개념의 양은 상대적으로 더 많다. 인식 능력에서 추상적인 활동은 독립적이 아니라 상호 교차되면서 이루어지는데, 시청각 기자재

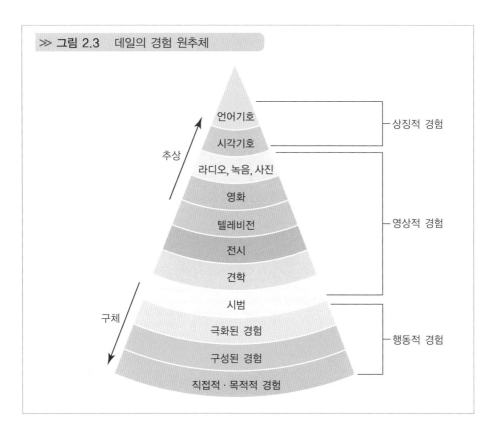

>> 그림 2.3   데일의 경험 원추체

언어기호
시각기호
라디오, 녹음, 사진
영화
텔레비전
전시
견학
시범
극화된 경험
구성된 경험
직접적 · 목적적 경험

추상

구체

상징적 경험

영상적 경험

행동적 경험

를 이용함으로써 상호 관계성을 높일 수 있다.

인간의 감각 중 지식의 흡수도가 가장 높은 기관은 시각이며, 그다음은 청각으로 나타났다. 시간이 경과함에 따라 기억력은 시각과 청각을 따로 사용했을 때보다 시각과 청각을 동시에 활용했을 때가 월등히 높다고 한다. 본 것보다 들은 것이 효과가 있고, 스스로 해보고 실천한 것을 가장 오래 기억한다는 것이다.

따라서 영양교육 시 시청각자료를 잘 활용함으로써 교육효과를 높일 수 있다.

영양교육자는 교육매체가 지니는 이러한 모든 면을 잘 이해하고 교육내용의 특성과 대상자의 능력, 흥미, 경험, 교육현장의 상황적 특성을 고려하여 적절한 교육 경험을 부여할 수 있는 시청각자료를 이용하여야 한다.

내용	기억 정도
읽은 것	10%
들은 것	10~15%
보고 들은 것	15~30%
해본 것	30~50%
실천한 것	75%

2) 교육매체의 역할

① 교육내용을 동일하게 전달할 모든 학습자는 같은 매체를 보고 듣게 되므로 동일한 메시지를 전달받게 된다.
② 강의내용에 대한 동기를 유발시킨다.
③ 학습의 질을 높여 준다.
④ 교육에 소요되는 시간을 줄여 준다.
⑤ 강의실 외의 장소에서도 사용할 수 있어서 학생 개개인은 자기가 편리한 시간과 장소에서 학습할 수 있다.

2 매체 개발 및 선택의 단계

하이니히(Heinich) 등이 고안한 'ASSURE 모형'은 영양교육을 위한 효과적인 매체 개발을 위해 고려해야 하는 요소들을 단계적으로 정리한 것이다. 이는 매체의 체계적인 개발과 활용을 위한 절차로서, 각 단계의 영어 첫 글자를 따서 'ASSURE 모형'이라고 한다. 각 단계는 서로 긴밀한 상호 연관 속에서 교육효과를 최대화하는 방향으로 실행되어야 한다.

하이니히(Heinich) 등이 고안한 'ASSURE 모형'

1. 대상집단의 특성 분석(Analyze learner characteristics)

2. 매체의 목표 설정(State objectives)

3. 매체의 선정 및 제작(Select or design materials)

4. 매체의 활용(Utilize materials)

5. 대상자의 반응 확인(Require learner response)

6. 매체의 총괄 평가(Evaluate)

3 매체의 종류 및 각 매체의 특성

모든 매체는 영양교육의 목표와 목적을 이루기 위한 수단으로 이용된다. 영양
교육 매체는 각 매체의 장단점을 가지고 있으므로 그 특성을 알고 선택·활용하
여야 한다.

1) 영양교육 매체의 종류

표 2-7 제작방법에 따른 분류

인쇄매체	전시·게시 매체	입체매체	영상매체	전자매체
팸플릿, 유인물, 광고지, 벽신문, 신문, 소식지, 포스터, 만화, 스티커, 달력, 카드 등	전시, 게시판, 괘도, 도판, 도표, 그림, 융판자료, 사진 등	실물, 표본, 모형, 인형, 페프사트, 디오라마 등	슬라이드, 실물환등, 영화, OHP 등	라디오, 녹음자료, VTR, TV, 컴퓨터, CD-ROM, 팩시밀리, 방송 등

표 2-8 감각 기관에 따른 매체의 분류

시각 위주의 매체	청각 위주의 매체	시청각 매체
게시판, 사진, 실물, 표본, 모형, 융판, 그림, 만화, 신문, 잡지 등	녹음·자료, 라디오 방송 등	녹음된 슬라이드 세트, 영화, 인형극, 견학, TV 방송 등

컴퓨터(Personal computer)통신은 뉴미디어, 즉 새로운 대중매체이며 기존의 매체가 갖는 별개의 기능을 복합적으로 수행하므로 다기능 매체의 의미로 멀티미디어라고도 한다. 미국뿐만 아니라 우리나라도 개인용 컴퓨터통신을 통한 영양교육과 상담이 이루어지고 있다.

2) 영양교육과 각종 게임
각종 매체를 이용하여 다양한 게임이나 어떤 행사로 개발하면 대상자들이 지루해하지 않고 영양정보를 쉽게 받아들일 수 있다.

(1) 주사위 놀이
언제 어디서나 다양한 연령층을 대상으로 적용할 수 있다. 놀이판에는 다양한 내용의 메시지를 넣어서 주사위판의 말을 옮길 때마다 자연스럽게 읽을 수 있게 하며, 좋은 식행동에서는 사다리를 타고 여러 단계를 뛰어넘게 하고 나쁜 식행동에서는 뱀을 타고 다시 뒤로 내려가는 등의 방법으로 실시한다.

(2) 영양 게임
실제 사진이나 모형 또는 실물을 제시하면서 진행하면 식품지식을 늘리고 경험도 할 수 있는 방법이다.

(3) 노래가사 바꿔 부르기
아동들이 즐겨 부르는 노래에 식품이나 식행동에 대한 가사를 넣어서 부르면 쉽게 전달된다.

(4) 퍼즐 게임
유아원이나 유치원 아동을 대상으로 다양한 식품이 한데 어우러진 모습을 그려서 여러 가지 모양으로 오려 내고, 오려 낸 모양을 다시 맞추어 원래의 그림이 되도록 하는 게임으로 식품을 익히는 데 도움이 된다.

(5) 색칠하기

유치원 아동이나 초등학교 저학년을 대상으로 5~6명의 아동이 함께 다양한 식품이 그려져 있는 종이에 색칠하면서 식품군별 식품을 익히고 친숙해질 수 있는 방법이다.

(6) 식품구성탑 놀이

식품구성탑 모형과 각 층별 식품의 그림이나 사진을 만들어 각 식품이 속하는 식품구성탑 위치에 부착하여 맞히는 놀이이다.

(7) 시장놀이

식품의 1교환 단위의 분량과 열량을 익혀서 하루에 자신에게 필요한 열량과 식품량을 알게 해 주는 방법으로, 초등학생을 대상으로 실시하는 놀이이다. 1교환 단위당 각종 식품 그림이나 식품 모형이 필요하다.

제3장

초등학교
영양교육 프로그램

1. 식품과 식품군 학습

2. 우리가 먹는 식품의 구성과 영양소 알기

3. 올바른 식사예절 배우기

4. 알면 쉬운 비만 예방하기

1 식품과 식품군 학습

1 초등학교 저학년을 위한 영양교육 지도안

학습주제	채소와 과일, 우유는 우리 몸속 좋은 친구!		
학습대상	초등학교 저학년(1, 2, 3학년)		
학습목표	1. 여러 가지 음식에 대해 알아보고, 음식이 우리 몸속에 들어와서 어떤 도움을 주는지 알 수 있다. 2. 채소와 과일, 우유가 하는 일을 알고 매일 섭취를 권장할 수 있다. 3. '식품 낚시터' 게임으로 음식의 종류와 섭취에 대한 관심을 유발할 수 있다.		
학습자료	• 과일, 채소, 우유 송 　• 식품구성탑 • 영양신호등 　　　　　• 식품 낚시터 게임		소요 시간
학습단계	도 입	• 노래(과일, 채소, 우유 송)를 부르며 동기 유발	3분
	전개	• 음식에는 어떤 것들이 있는지 식품구성탑을 보며 알아본다. 　- 음식이 우리의 몸속에 들어와 어떤 친구가 되는지(음식과 몸의 연관성)를 설명한다.	10분
		• 영양신호등을 식품구성탑과 연관하여 많이 먹어야 할 것과 적게 먹어야 하는 음식을 알아본다. 　- 식품구성탑과 영양신호등판을 세워 놓는다.	5분
		• 3조로 편성하여 팀 이름을 채소 이름으로 정한다. 　- 칠판에 각 팀 이름과 점수판을 붙인다.	3분
		• 몸에 좋은 식품 낚시 게임(영양신호등 기초 지식 습득) 　- 채소, 과일, 우유(초록색 신호등 식품) - 각 5점씩 　- 육류, 고기, 생선, 달걀(노란색 신호등 식품) - 각 4점씩 　- 탄수화물, 마요네즈, 참기름(빨간색 신호등 식품) - 각 3점씩	10분

	전개	– 초콜릿, 콜라, 피자, 햄버거, 사탕(검은색 신호등 식품) – 각 1점씩 부여하여 낚은 식품들을 '영양게임판'에 붙인다.	10분
	정리	• 게임에서 낚은 음식 점수 함께 계산하기 • 과일과 채소, 우유가 우리 몸에 얼마나 좋은지 다시 한 번 요약하고 매일 섭취하도록 약속한다.	9분
학습단계	게임	 아주 그냥 죽여줘요~~(과일 채소) 과일, 채소, 우유 송 (멜로디는 샤방샤방) 누구나 매일 먹는 음식 중에 내가 과일 채소 먹었지 신선한 과일 채소 너무나 맛있더라 당근도 좋아 좋아(좋아 좋아) 배추도 좋아 좋아(좋아 좋아) 콩나물도 좋아 좋아(좋아 좋아) 사과도 맛있어요(맛있어요) 토마토도 맛있어요(맛있어요) 아주 그냥 죽여줘요~~ 모든 게 준비가 된 잘 나가는 내가 우유를 마셨지 마신 후의 나의 모습 몰라보게 변했지 얼굴은 매끌매끌(매끌매끌) 몸매도 날씬날씬(날씬날씬) 모든 것이 우유 덕분 바나나랑도 섞어 섞어(섞어 섞어) 딸기랑도 섞어 섞어(섞어 섞어) 아주 그냥 죽여줘요~~ 얼굴은 매끈매끈 몸매도 날씬날씬 모든 것이 우유 덕분 과일 채소 먹고 먹고 우유도 마셔 마셔 키도 쑥쑥 몸도 튼튼 과일 채소 ~~과일 채소	식품 구성탑, 식품 낚시터, 영양 신호등

2 교육매체개발 사례

(1) 학습주제

- 채소와 과일, 우유는 우리 몸속 좋은 친구

(2) 적용대상

- 초등학교 저학년

(3) 매체 개발의 동기

- 초등학생은 성장과 함께 각종 기관이 충실해져 성인 건강의 기틀이 마련되는 시기입니다. 하지만 제2의 급속한 성장을 준비하는 중요한 시기인데도 어린이 식생활 변화에 빨간 불이 들어왔다는 것입니다.

　1. 식생활의 문제점

　첫째, 패스트푸드 섭취 기회의 증가

　대부분의 패스트푸드는 열량의 비율이 높고 포화지방산과 나트륨 함량이 높으며, 과일, 채소 등의 구성이 부족하여 무기질과 비타민의 부족이 지적되고 있습니다(Bowman SA, 2004).

　둘째, 탄산음료의 소비량 증가

　셋째, 매식행위의 증가와 식품선택 능력의 부족에 대한 문제

　영양지식이 부족한 어린이들은 주로 과자나 초콜릿, 피자 등을 간식으로 선택합니다(이기완 등, 2005).

　2. 어린이의 건강문제

　가공식품, 패스트푸드 등에 대한 노출이 많아져, 지방과 당으로부터의 열량 섭취가 증가되어 어린이 비만과 이로 인한 각종 질병의 이환율을 증가시킬 수 있고, 장기적으로 비만 등 생활습관병으로의 진행이 문제시됩니다.

3. 질병 발생

- 최근 우리나라 어린이는 인스턴트 식품, 스낵, 청량음료 섭취 증가 등의 잘못된 식습관으로 인해(보건복지부, 2002), 영양불균형(이난희 등, 2000)과 아침 결식률의 증가(보건복지부, 2002), 편식(최후종, 2001), 비만 증가 및 체력의 약화(김미경 등, 2001 ; 안홍석, 2001 ; 대한영양사회, 1999) 등이 문제로 지적되고 있습니다.

- 어린이 비만율이 1974년 2~4%에서 약 20년 후인 1990년대 후반에는 15~20%를 기록하여 약 10배에 달하였으며, 1998년과 비교하여 2005년 조사 자료에서는 어린이 비만환율이 약 1.5배 정도 증가한 것으로 나타났습니다(국민건강영양조사, 1999, 2002, 2006).

- 2005년 초·중·고등학교 남학생의 비만이환율은 20%를 넘는 수준이며, 여학생도 10~14% 수준으로 조사되었습니다.

따라서 이러한 심각한 어린이 비만을 발생시키는 식생활을 변화시키고 채소와 과일, 우유와 친숙해져 야채와 과일 등의 섭취를 지향하고자 하는 데 목적을 가지고 있습니다. 매체 개발에서는 아이들이 재미있고 쉽게 접근할 수 있도록 '과일, 채소, 우유 송'을 만들었으며, 어린이 비만 및 편식 예방과 야채, 과일, 우유를 섭취하도록 식품 낚시터 게임을 개발하였습니다.

3 교육 방법 사례

1. 과일, 채소, 우유 송

　멜로디는 요즘 유행하면서도 흥겨운 '샤방샤방' 멜로디를 가지고 가사를 과일, 채소, 우유와 관련된 내용으로 바꿔 과일, 채소, 우유와 친숙해지도록 하였습니다.

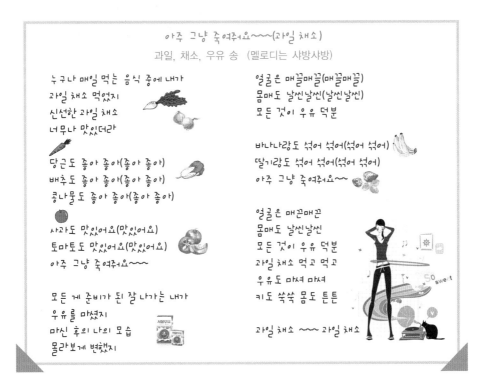

2. 식품구성탑

　식품구성탑의 바탕 색을 영양신호등 색과 연결하였습니다.

　각각의 5대 기초식품군에 맞는 식품들(인쇄물)을 가지고 식품구성탑에 붙이면서 여러 가지 식품을 알 수 있습니다. 또한 각각의 식품이 우리 몸속에 들어와 무엇을 도와주고 있는지 알 수 있도록 합니다.

3. 영양신호등

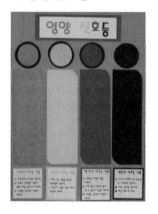

최근에 초등학교에서 실시하고 있는 '영양신호등'을 좀 더 알기 쉽게 식품구성탑과 연결하였습니다. 식품의 그림들을 각각의 신호등에 맞게 붙이면서 재미있게 학습할 수 있도록 만들었습니다.

• 각 식품마다 성분이 다르고 몸속에서 하는 일이 다르다는 것을 알 수 있습니다.

4. 식품 낚시터 - 게임(영양을 낚아요)

• 구성요소 : 자석 낚싯대 2개, 낚시터 1박스, 여러 가지 식품, 영양점수판
• 게임방법 : ① 5~10명씩 세 팀으로 나눕니다(학급 학생에 따라 인원을 다르게 하여도 됨).
② 각각의 팀원이 낚싯대로 낚은 음식을 자신의 팀 점수판에 붙입니다.
③ 초록색 - 5점, 노란색 - 4점, 빨간색 - 3점, 검정색 - 1점으로 점수를 합산하고 가장 높은 총점을 받은 팀이 승리!!!

2 우리가 먹는 식품의 구성과 영양소 알기

1 식품구성탑과 영양 학습지도

학습주제	우리가 먹는 식품의 구성과 영양소 알기			
학습대상	초등학교 저학년(3학년)			
학습목표	1. 식품구성탑을 이해하고 제시된 식품의 구성과 기능에 대해 설명할 수 있다. 2. 식품의 영양표시 읽기를 실시함으로써 내 몸에 좋은 식품을 선택할 수 있다.			
학습단계	학습내용	학습방법	자료/준비물	시간(분)
도입	- 인사 - 내 몸은 어떤 영양소를 필요로 할까?	- 음식에 어떤 영양소가 있는지, 왜 음식을 먹어야 하는지 질문한다.	유인물/교육내용	5
전개	1. 영양소는 우리 몸에서 어떤 역할을 할까? (5대 영양소 - 탄수화물, 단백질, 지방, 비타민, 무기질) 5대 영양소가 들어 있는 식품의 종류	- 식품의 성분인 영양소에 대해서 알아보고 우리 몸에서 영양소는 어떤 역할을 하는지 PPT 자료를 보면서 설명한다. 각종 영양소로 구성된 식품의 종류는 어떤 것이 있는지 아동들이 대답하도록 하고 기록한다.	- 유인물/PPT 자료(영양소의 구성)	10
	2. 식품구성탑 이해하기 식품구성탑이란 무엇인가? 왜 5층으로 되어 있을까? 각 층에는 어떤 식품이 있을까?	- 식품구성탑을 제시하고 설명한다. 왜 탑이 5층으로 되어 있는지 아동들에게 물어보고, 어떤 식품이 들어 있는지 살펴보도록 한다. (만들어	- PPT 자료(영양소별 1일 필요량) PPT 자료 (식품구성탑) 식품구성탑 만들기 (준비한 탑 모형과 식품 스티커)	10

	어떤 음식을 얼마만큼 먹어야 균형 있는 식습관을 가질 수 있을까?	놓은 그림자료를 이용하여 아동들과 함께 식품구성탑에 붙여서 식품구성탑을 완성한다. 각 층별 식품구성탑의 식품을 얼마나 먹어야 하는지 PPT 자료를 보여 준다.	- 식품구성 기록 평가지 - 각종 식품 포장재	5
도입	3. 영양표시 읽기 - 영양표시란 무엇인가? 내가 먹는 식품은 어떠한 영양과 성분으로 구성되어 있는지 확인하고, 영양표시를 읽는 방법에 대해서 알아본다. 내 몸에 알맞은 영양과 식품을 선택할 때 영양표시를 읽어 필요한 식품을 고를 수 있도록 하고, 식품을 구입할 때는 칼로리와 유통기한을 확인하도록 한다.	- 영양표시에 대해서 설명한다. 평소에 즐겨 먹는 음식이나 간식의 겉 포장지를 사전에 모아오도록 해서 수업시간에 활용한다. 제품의 종류, 총 열량, 들어 있는 성분은 무엇이며 첨가제는 무엇을 사용했는지 아동과 함께 영양성분 표시 기록지에 세 종류 정도 기록하도록 한다.		1
정리	차후 활동 안내 - 식품구성탑 만들기 - 개선점	- 하루 동안 섭취한 음식을 기록하고 어떤 식품을 섭취했는지 식품구성탑에 그리거나 쓰도록 한다. - 과다하거나 부족한 영양에 대해서 알아보고 개선점을 찾아본다.	- 빈 5층 구성탑 - 식생활 평가표	5

식품구성탑 만들기

1. 각 층의 탑 이름을 쓴다.
2. 식품 그림을 오려서 해당하는 각 층에 붙이기

영양표시 읽기 기록표

식품명 / 영양소	과자 1 ( )	과자 2 ( )	과자 3 ( )			
열량(kcal)						
탄수화물(g)						
식이섬유(g)						
당(g)						
단백질(g)						
지방(g)						
포화지방(g)						
트랜스지방(g)						
콜레스테롤(mg)						
나트륨(mg)						
칼슘(mg)						

내가 먹은 음식 알아보기

이름 :   섭취한 날 :   년   월   일

• 끼니별로 먹은 음식(또는 식품) 이름을 적고 그 음식의 재료를 생각하여 해당 식품군에
  ∨ 표시

끼니	먹은 음식 (식품)	식품군					
		곡류 및 전분류	채소류	과일류	고기, 생선, 달걀, 콩류	우유 및 유제품	유지, 견과 및 당류
아침							
점심							
저녁							
간식							

나의 식생활 평가표

하루 동안 자신이 섭취한 식품구성탑을 보고 다음을 반성하여 봅시다.			
항목	**평가 및 개선점**		
• 끼니마다 최소한 3개의 식품군이 들어 있는가?(섭취한 식품군 수 적기)	아침	점심	저녁
• 간식은 최소 2개의 식품군을 함유하고 있는가?			
• 하루 동안 섭취한 식품들로 만들어진 자신의 식품구성탑은 균형 잡혀 있는가?			
• 내게 부족한 식품군과 과다 섭취한 식품군은 무엇일까?	과다 섭취한 식품군		부족한 식품군
• 나는 균형 잡힌 식생활을 위해 어떻게 하여야 할까?			

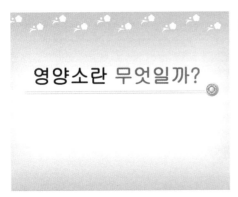

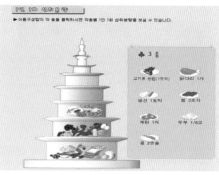

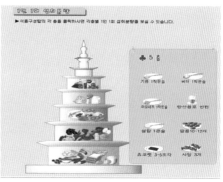

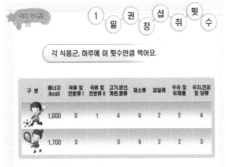

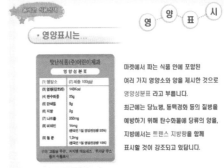

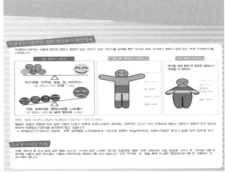

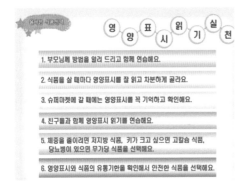

자료 제공 : 한국방송통신대학교 평생대학원 가정학과 우종숙, 이향숙

3 올바른 식사예절 배우기

1 올바른 식사예절 배우기의 학습지도안

학습주제	올바른 식사예절 배우기				
학습대상	초등학교 저학년(1학년)				
학습목표	1. 올바른 식사예절을 알고 실천할 수 있다. 2. 젓가락 사용법에 대해 배우고 올바른 젓가락 사용을 할 수 있다.				
학습자료	1차 교육용 PPT(Power Point) 슬라이드, 동영상 자료, 젓가락, 콩 100알, 그릇 2개, 스톱워치				
학습단계	학습요소	시간	학습내용	학습활동	자료 및 유의점
도입	인사 및 학습활동 안내	2분	1. 인사 및 자기소개 2. 수업내용 간략하게 소개하기	• 인사하기 • 학습목표에 대해 설명하기	• PPT
	동기유발	5분	실제 아이들의 배식 모습을 동영상으로 보여주기	• 학생들의 배식 모습과 식사 모습을 동영상으로 보여 주기 – 동영상에서 보여지는 학생들의 모습이 어떤지 말해 보도록 한다.	• PPT • 동영상
전개	활동 1	2분	식사예절이란 무엇인가?	• 식사예절이란 무엇인가? 〔질문〕 – 식사예절이란 무엇이고 어떤 것들이 있는지 학생들에게 질문하고 이야기해 보도록 한다.	• PPT

전개	활동 2	8분	식사하기 전에 해야 할 일과 식사예절에 대해 알아보기	• 식사하기 전에 해야 하는 것은 무엇이고 식사 시 해야 할 식사예절에는 어떤 것들이 있을까?〔질문〕 - 식사 전에 해야 할 행동과 식사 시 해야 할 행동과 하지 말아야 할 행동에 대해 서로 이야기해 보도록 한다. • 식사예절에 관한 동영상 보기 - 동영상을 본 후 느낀 점에 대해 말해 보도록 한다.	• PPT • 동영상
	활동 3	5분	올바른 젓가락 사용법	• 젓가락을 나누어 주고 젓가락질을 해보도록 한다. - 직접 젓가락질을 해보며 친구들과 비교해 본다. • 젓가락 사용법에 대한 영상(PPT)을 보여 주고 올바른 젓가락 사용법에 대해 익힌다. - 학생들이 영상을 보면서 가지고 있는 젓가락으로 직접 익혀 본다.	• PPT • 동영상
	활동 4	10분	콩운반놀이	• 콩을 젓가락으로 옮기기 게임 - 2명이 한 조가 되어 올바른 젓가락 사용법으로 정해진 시간 내에 서로 상대방의 그릇에 콩을 옮겨 담아 더 많이 옮겨 담은 학생이 이기는 게임이다.	• PPT • 콩 • 그릇 2개 • 젓가락 • 스톱워치
정리	활동 5	3분	문제 풀기	〔퀴즈퀴즈〕 • 문제 풀이를 통해 학습한 내용을 정리해 본다. - 학생들에게 오늘 배운 내용을 문제 풀이를 통해 알아보도록 한다.	• PPT

	요약정리	3분	배운 내용 정리	• 오늘 배운 내용을 정리한다.	• PPT
정리	차시예고	2분	차시 예고 및 정리	• 차시 학습인 '위생'에 대하여 예고한다. • 인사하기	• PPT
평가계획			올바른 식사예절에 대해 알고 학생들이 실천할 수 있도록 유도한다. 올바른 식사예절 중 올바른 젓가락 사용법을 익히고 바른 젓가락 사용법을 실천한다.		

2 「식사예절 배우기」 매체자료-융판

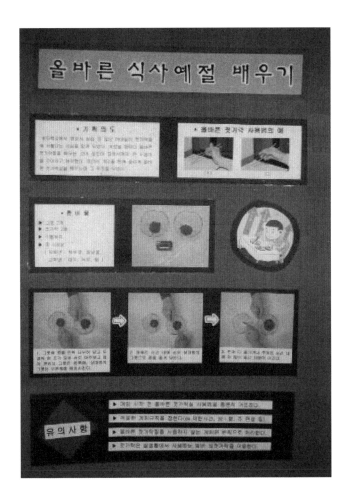

4 알면 쉬운 비만 예방하기

1 알면 쉬운 비만 예방하기의 학습지도안

학습주제	알면 쉬운 비만 예방하기				
학습대상	초등학교 저학년(3학년)				
학습목표	1. 비만이 무엇인지 원인 및 문제점을 알아본다. 2. 비만 예방을 위한 식사습관과 운동, 생활습관에 대해 알고 실천할 수 있도록 한다.				
학습자료	1차 교육용 PPT 슬라이드, 종이, 연필, 신장별 소아 체중 표준치				
학습단계	학습요소	시간	학습내용	학습활동	자료 및 유의점
도입	인사 및 학습 활동 안내	2분	1. 인사 및 자기소개 2. 수업내용 간략하게 소개하기	• 인사하기 • 학습목표에 대해 설명하기	• PPT
	동기 유발	3분	비만이란 무엇일까?	• 비만이란 무엇일까? 〔질문〕 – 비만이 무엇인지 학생들에게 질문해 보고 자신은 비만일까 아닐까에 대해 생각해 보도록 한다.	• PPT • 동영상
전개	활동 1	5분	왜 비만해질까요?	• 왜 비만해질까? 〔질문〕 – 비만해지는 문제점에 대해 말해 보도록 한다. • 비만해지는 여러 가지 유형에 대해 설명한다. • 가족도를 그려 보기	• PPT • 종이, • 연필

			– 가족의 식사습관과 생활습관등을 적어 보게 해서 확률상 내가 비만이 될 가능성에 대해 계산해 보도록 한다(비만의 원인 중 유전적인 요인에 대해 알아보기).	• PPT
전개	활동 2	2분	비만의 문제점	• 비만의 문제점은 무엇일까? 〔질문〕 – 비만으로 인해 생길 수 있는 문제점에 대해 이야기해 본다.	• PPT
	활동 3	10분	나는 비만일까요? 궁금해요!	• 비만도 측정해 보기 – 비만도 측정법에 대해 알아보고 나의 비만도 정도를 알아본다.	• PPT • 신장별 소아 체중 표준치
	활동 4	2분	비만 예방을 위한 식사습관 알아보기	• 비만 예방을 위한 식사습관은 어떤 것이 있을까? 〔질문〕 – 학생들에게 질문해 보고 바른 식사습관에 대해 토론해 본다.	• PPT
	활동 5	5분	건강한 음식 고르기	• 비만 예방을 위한 건강음식 고르기(식품 낚시터 게임 이용) – 여러 가지 음식을 놓고 건강한 음식에는 어떤 것들이 있는지 찾아본다. – 각 모둠별 팀을 나누어 낚시하는 횟수를 정한다. – 여러 가지 영양성분의 식품들을 섞어 넣어 1개씩 낚아 올린다. 이때 색깔별로 점수를 다르게 부여하여 점수 합산이 높은 쪽이 승리하는 게임	• PPT • 음식 그림
	활동 6	3분	비만 예방을 위한 생활습관 알아보기	• 비만 예방을 위한 생활습관에는 어떤 것들이 있을까? 〔질문〕 – 학생들에게 질문해 보고 바른 생활습관에 대해 알아본다.	• PPT • 음식 그림

				〔퀴즈퀴즈〕	
정리	활동 7	3	문제 풀기	• 문제 풀기를 통해 학습한 내용을 정리해 본다. – 학생들에게 오늘 배운 내용을 문제 풀이를 통해 알아보도록 한다.	• PPT
	요약 정리	3	배운 내용 정리	• 오늘 배운 내용을 정리한다.	• PPT
	차시 예고	2	차시 예고 및 정리	• 차시 학습인 '영양소 알기'에 대하여 예고한다. • 인사하기	• PPT
평가계획				비만이란 무엇인지 알고, 비만을 일으키는 원인과 비만을 예방할 수 있는 식습관, 생활습관에 대해 안다.	

비만이란 뭘까요?

음식물을 너무 많이 먹거나 운동이 부족해서 우리몸에 지방(기름덩어리)이 쌓이는 것을 말합니다.

섭취한 에너지량(음식) > 쓰여진 에너지량(활동)

• 사춘기의 비만(특히, 고도비만)은 성인비만으로 이어질 확률을 80%나 가지고 있어요

학습 목표 1 : 비만이 무엇인가 원인 및 문제점을 알아보자

학습 목표 2 : 비만예방을 위한 식사습관과 운동.생활습관에 대해서 알고 실천할 수 있도록 하자

왜 비만해 질까요?

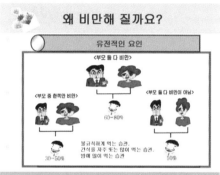

비만의 문제점

외모에 자신이 없어요

나는 비만일까? 궁금해요!!

어린이의 경우
키에 따른 체중의 비율을 이용한 표준체중 법을 적용해서 판정하지요

$$비만도(\%) = \frac{현재\ 체중(kg) - 신장별\ 표준체중(kg)}{신장별\ 표준체중(kg)} \times 100$$

10-20%미만 ➡ 과체중   20-30%미만 ➡ 경도비만
30-50%미만 ➡ 중등도 비만   50% 이상 ➡ 고도 비만

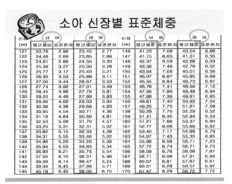

소아 신장별 표준체중

신장(cm)	남아 평균체중	표준편차	여아 평균체중	표준편차	신장(cm)	남아 평균체중	표준편차	여아 평균체중	표준편차
121	23.76	2.86	23.45	2.77	146	41.23	7.08	40.04	6.68
122	24.48	2.89	23.85	2.86	147	41.15	6.65	41.31	6.55
123	24.81	2.89	24.55	3.33	148	42.37	6.59	42.68	6.03
124	25.36	3.27	25.00	3.28	149	43.36	7.46	42.78	6.52
125	25.77	3.17	25.43	3.21	150	43.64	7.06	45.01	6.56
126	26.30	3.53	25.88	3.11	151	45.07	6.97	45.85	6.69
127	27.00	3.44	26.67	3.53	152	45.55	6.94	46.73	6.97
128	27.74	3.92	27.01	3.49	153	46.78	7.41	48.56	7.12
129	28.45	3.96	27.76	3.91	154	47.66	7.90	49.48	6.94
130	29.20	4.49	27.99	3.83	155	47.86	7.36	49.91	6.95
131	29.66	4.66	29.03	3.94	156	48.81	7.40	50.92	7.04
132	30.38	4.38	29.86	4.83	157	49.25	7.75	51.61	7.09
133	30.95	4.54	30.71	4.36	158	50.29	7.70	52.29	6.52
134	31.18	4.64	30.69	4.81	159	51.41	8.35	52.94	6.53
135	32.53	5.08	31.70	4.57	160	51.21	7.66	53.37	6.90
136	33.25	5.31	32.31	5.02	161	52.77	8.08	53.66	6.62
137	33.82	5.15	32.33	4.28	162	53.40	7.17	54.99	6.79
138	34.31	5.55	33.48	5.02	163	54.67	7.43	55.35	6.85
139	34.96	5.29	34.29	5.36	164	55.99	8.58	56.71	7.23
140	35.94	5.53	34.83	5.34	165	57.72	8.74	56.71	6.73
141	36.93	6.21	35.76	5.54	166	58.59	8.76	58.08	7.87
142	37.55	6.10	36.31	5.48	167	58.71	8.09	57.61	6.94
143	38.09	6.14	36.47	5.24	168	60.07	8.81	57.67	6.61
144	39.34	6.45	37.96	5.71	169	60.31	8.29	59.57	6.97
145	40.19	6.45	39.00	6.70	170	61.47	8.29	59.72	7.72

나의 비만지수 알아보기

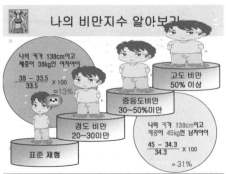

나의 키가 138cm이고 체중이 38kg인 여자아이

$$\frac{38 - 33.5}{33.5} \times 100 = 13\%$$

고도 비만 50% 이상

중등도비만 30~50%미만

경도 비만 20~30%미만

표준 체형

나의 키가 138cm이고 체중이 45kg인 남자아이

$$\frac{45 - 34.3}{34.3} \times 100 = 31\%$$

비만 예방을 위한 식사습관

↳ 올바른 식습관 갖기

- 하루 3끼 거르지 말고 먹는다.(아침은 반드시!!)
- 섬유소가 많은 해조류, 야채류를 많이 먹어요
- 음식은 짜지 않게 먹어요
- 단맛(설탕)이 들어 있는 음식은 조금만 먹어요 (사탕, 케이크, 초콜릿, 가공주스, 탄산음료 등)
- 패스트푸드(햄버거, 피자 등)와 가공식품을 적게 먹어요 (기름, 소금성분이 많이 들어 있어 성인병의 원인이 된답니다.)

성장기이므로 과도하게 체중을 줄이기 보다 키에 비례하여 정상체중을 유지하는 것이 중요!!

비만 예방을 위한 건강음식 고르기

많이 먹어도 좋아요

적당히 먹어야 해요

되도록 먹지 말아요

비만예방을 위한 - 운동요법

↳ 운동의 필요성
- 몸의 지방을 줄여주고, 성인병을 예방할 수 있어요
- 기분이 좋아져요

↳ 운동 방법
- 일주일3번 이상 30-1시간, 꾸준히, 규칙적으로

↳ 어떤 운동이 좋을까? 유산소운동
- 줄넘기, 걷기, 조깅, 제자리달리기, 제자리뜀뛰기, 에어로빅(댄스), 수영

비만예방을 위한 생활습관

↳ 잘못된 식이.생활습관을 찾아서 교정하는 것이 중요해요
↳ 아침을 꼭 먹어요
↳ 빨리 먹지 않고 음식을 꼭꼭 씹어 먹어요
↳ TV, 만화 등을 보면서 먹지 마세요
↳ 기분 나쁘다고 먹는 것으로 풀지 말아요
↳ 뭘 수 있으면 많이 움직이도록 해요.(단거리는 걸어서 &자전거로)

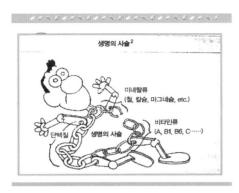

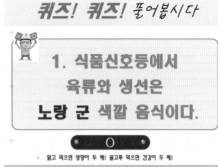

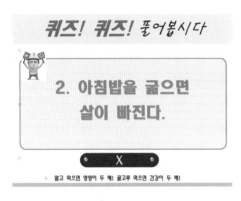

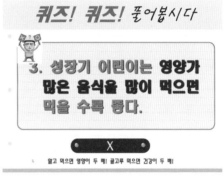

자료 제공 : 제주도 서귀포시 동부보건소 영양사 오미숙

제 4 장

학부모 대상
영양교육 프로그램

1. 전통 식문화의 우수성과 실천방안

2. 맛있는 음식 알고 먹기

1 전통 식문화의 우수성과 실천방안

1 학습 지도안

학습주제	전통 식문화의 우수성과 실천방안			
학습목표	1. 교육 후 참가자의 85%는 전통 식문화의 우수성에 대해 세 가지를 말할 수 있다. 2. 교육 후 참가자의 80%는 한국형 식생활 실천방안에 대해 세 가지를 말할 수 있다. 3. 교육 후 참가자의 70%는 현대인의 식생활과 건강문제에 대해 세 가지를 말할 수 있다.			
학습단계	학습내용	학습방법	자료	시간(분)
도입	• 참가자 인사, 교육내용 소개	• 참가자 인사, 교육주제 내용을 간단히 설명한다.		5
전개	1. 한국인의 식생활 변화와 건강문제 • 최근 30년 사이 식생활의 변화된 모습과 그로 인해 야기되는 건강문제 제시 - 아동비만, 여성의 마른 비만, 패스트푸드, 외식과 회식문제 등	• 한국인의 식생활 변화 패턴을 식품 섭취비율 등 세부 근거자료로 제시하여 설명하고, 식생활 및 건강 관련 기사를 인용한다.	• PPT	5
	2. 한국 전통 식생활의 특성 • 한국형 상차림의 특성과 우수성, 세계적으로 인정받는 우리 전통음식의 중요함을 강조 - 음식재료 혼합비율, 식사구성, 약식동원, 세계 5대 건강식품 등에 대한 세부 설명	• 한국형 상차림의 특성과 우수성에 대해 상차림의 실제 예를 들어 구체적으로 설명한다. • 세계 식단과의 식이 비교로 전통 식생활의 우수성을 입증한다.	• PPT	10

전개	3. 우리 음식(식단)의 과학성 • 절식과 식품배합, 발효식품, 아침식사 등 과학적인 우리 음식에 대한 고찰	• 절식과 식품배합, 발효식품, 아침식사 등 과학적인 우리 음식에 대해 고찰한다. • 아침식사가 현대의 영양학적 측면에서 과학적인 것을 설명한다.	• PPT	10
	4. 한국형 식생활 실천 방안 • 바람직한 식생활 방법과 아침식사 및 한국형 식단 실천 등	• 전통 식문화로 바람직한 식생활을 실천하면 균형 잡힌 식습관 형성에 도움이 됨을 설명한다.	• 리플렛	10
정리	• 교육내용 정리 • 질의응답 • 영양교육 후 전통 식문화에 대한 인식 변화 평가	• 학습내용을 정리한다. • 인식 변화 평가서를 작성한다.	유인물 인식 변화 평가서	10

2 매체자료

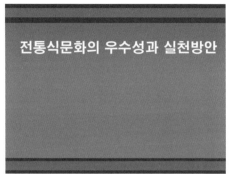

전통식문화의 우수성과 실천방안

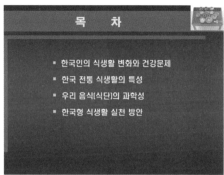

목 차

- 한국인의 식생활 변화와 건강문제
- 한국 전통 식생활의 특성
- 우리 음식(식단)의 과학성
- 한국형 식생활 실천 방안

한국인의 식생활 변화

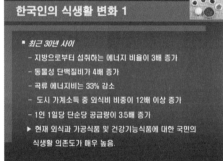

한국인의 식생활 변화 1

- *최근 30년 사이*
  - 지방으로부터 섭취하는 에너지 비율이 3배 증가
  - 동물성 단백질비가 4배 증가
  - 곡류 에너지비는 33% 감소
  - 도시 가계소득 중 외식비 비중이 12배 이상 증가
  - 1인 1일당 단순당 공급량이 3.5배 증가
  ▶ 현재 외식과 가공식품 및 건강기능식품에 대한 국민의
    식생활 의존도가 매우 높음.

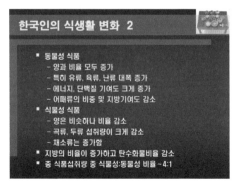

한국인의 식생활 변화 2

- 동물성 식품
  - 양과 비율 모두 증가
  - 특히 유류, 육류, 난류 대폭 증가
  - 에너지, 단백질 기여도 크게 증가
  - 어패류의 비중 및 지방기여도 감소
- 식물성 식품
  - 양은 비슷하나 비율 감소
  - 곡류, 두류 섭취량이 크게 감소
  - 채소류는 증가함
- 지방의 비율이 증가하고 탄수화물비율 감소
- 총 식품섭취량 중 식물성:동물성 비율 ~4:1

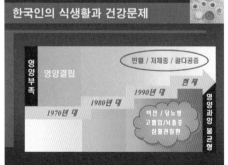

한국인의 식생활과 건강문제

영양부족 — 영양결핍
빈혈 / 저체중 / 골다공증
1970년 대
1980년 대
1990년 대
현재
비만 / 당뇨병
고혈압/뇌졸중
심혈관질환
영양과잉 불균형

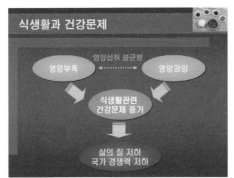

식생활과 건강문제

영양섭취 불균형
영양부족 ◀ ┄ ┄ ▶ 영양과잉
↓   ↓
식생활관련 건강문제 증가
↓
삶의 질 저하 국가 경쟁력 저하

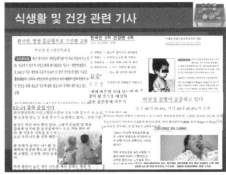

식생활 및 건강 관련 기사

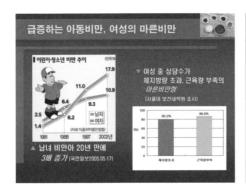

급증하는 아동비만, 여성의 마른비만

▼ 여성 중 상당수가 체지방량 초과, 근육량 부족의 *마른비만형*
[서울대 보건내과원 조사]

▲ 남녀 비만율 20년 만에 *3배 증가* [국민일보 2005.05.17]

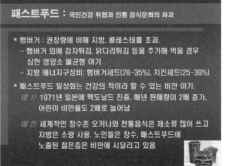

패스트푸드 : 국민건강 위협과 전통 음식문화의 파괴

▪ 햄버거 : 권장량에 비해 지방, 콜레스테롤 초과.
  - 햄버거 외에 감자튀김, 닭다리튀김 등을 추가해 먹을 경우 심한 영양소 불균형 야기
  - 지방 에너지구성비 : 햄버거세트(28-35%), 치킨세트(25-39%)
▪ 패스트푸드 일상화는 건강의 적이라 할 수 있는 비만 야기.
  예 1) 1971년 일본에 맥도날드 진출, 매년 판매량이 2배 증가, 어린이 비만율도 2배로 늘어남
  예 2) 세계적인 장수촌 오키나와 전통음식은 채소류 많이 쓰고 지방은 소량 사용. 노인들은 장수, 패스트푸드에 노출된 젊은층은 비만에 시달리고 있음

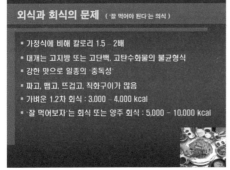

외식과 회식의 문제 (·잘 먹어야 된다·는 의식)

▪ 가정식에 비해 칼로리 1.5 - 2배
▪ 대개는 고지방 또는 고단백, 고탄수화물의 불균형식
▪ 강한 맛으로 일종의 ·중독성·
▪ 짜고, 맵고, 뜨겁고, 직화구이가 많음
▪ 가벼운 1,2차 회식 : 3,000 - 4,000 kcal
▪ ·잘 먹어보자·는 회식 또는 양주 회식 : 5,000 - 10,000 kcal

한국 전통 식생활의 특성

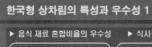

한국형 상차림의 특성과 우수성 1

▶ 음식 재료 혼합비율의 우수성

- 식물성식품과 동물성식품이 균형적인 섭취 비율인 8:2
  → 다량 섭취 음식과 소량 섭취 음식, 적정량 섭취 음식이 절묘한 균형 이룸.

다량 섭취	쌀, 콩, 채소, 해초, 김치, 해조류
소량 섭취	육류, 지방, 기름, 설탕
적정량 섭취	찌개류 등 주류

▶ 식사구성의 우수성

- 식사구성 측면에서 다양성, 균형성, 절제성을 고루 갖춘 세계적으로 우수한 건강식.
- 밥, 국, 김치, 여러가지 반찬으로 구성.
  - 다양성 - 식재료 풍부
  - 균형성 - 식물성:동물성 (8:2)
  - 절제성 - 설탕, 기름 적게 사용

한국형 상차림 특성과 우수성 2

▶ 양념과 조리법 우수성

- 양념은 맛과 영양 우수.
- 파, 마늘, 생강, 깨소금, 고춧가루 등 양념 다양.
  - 항산화제, phytochemical 풍부
- 조리법도 우수 : 구이, 찜, 데쳐서 무치는 방법 많이 사용
  → 담백한 조리법으로 지방을 많이 사용하지 않음

▶ 약식동원 음식

- 약식동원(藥食同源)의 개념으로 평상시 먹는 식사를 충실히 하는 것이 바로 건강을 지키는 방법
- 마늘, 생강, 대추, 은행, 황기, 잣, 호도 등 대부분 식재료가 약재 성분 보유.

한국형 상차림의 특성과 우수성 3

▶ 예절과 문화를 존중하는 문화적 우수성

- 혼례, 제례 등 의례중심의 상차림 발달, 음식과 관련된 예절을 중시하는 등 문화적으로 우수.
- 한국 음식에 나타난 전통 문화는 다양함.
  - 섞임의 미학을 나타내는 음식 : 비빔밥 (궁중요리)
  - 화해의 음식 : 탕평채 [청포묵 무침]
  - 노인 공경의 음식 : 타락죽, 섭산적
  - 오래 묵을수록 좋은 음식 : 된장, 간장

미국 건강전문잡지 Health지 2006년 3월호
– The World Healthiest Foods : Kimchi –

☐ 세계 5대 건강식품
- 우리나라 김치
- 그리스 요구르트
- 일본 콩식품
- 스페인 올리브유
- 인도 렌틸콩

- 비타민 A,B,C는 물론 섬유질, 유산균 풍부
- 항암효과 검증

한국, 그리스, 미국의 식이비교

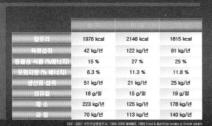

칼로리	1976 kcal	2146 kcal	1815 kcal
육류섭취	42 kg/년	122 kg/년	91 kg/년
동물성 식품 (%에너지)	15 %	27 %	25 %
포화지방 (% 에너지)	6.3 %	11.3 %	11.8 %
생선류 섭취	51 kg/년	21 kg/년	25 kg/년
섬유질	18 g/일	15 g/일	19 g/일
채 소	223 kg/년	125 kg/년	178 kg/년
과 일	70 kg/년	113 kg/년	140 kg/년

자료 : 2001 국민건강영양조사, 1999~2000 NHANES, 1995 Food & Nutrition intake in Greek adults
위해우, 만성질환 예방을 위한 한국식이의 우수성 및 개선점, 2004

우리 음식의 과학성

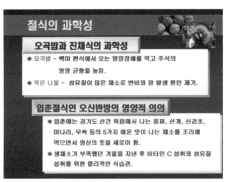

절식의 과학성

오곡밥과 진채식의 과학성

◆ 오곡밥 – 백미 편식에서 오는 영양장해를 막고 주식의 영양 균형을 높임.

◆ 묵은 나물 – 섬유질이 많은 채소로 변비와 암 발생 원인 제거.

입춘절식인 오신반찬의 영양적 의의

◆ 입춘에는 경기도 산간 흙음에서 나는 움파, 산개, 신검초, 미나리, 무싹 등의 5가지 매운 맛이 나는 채소를 조리해 먹으면서 영신의 뜻을 새로이 함.

◆ 생채소가 부족했던 겨울을 지낸 후 비타민 C 섭취와 섬유질 섭취를 위한 합리적인 식습관.

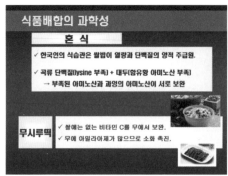

식품배합의 과학성

혼 식

✓ 한국인의 식습관은 쌀밥이 열량과 단백질의 양적 주급원.

✓ 곡류 단백질(lysine 부족) + 대두(함유황 아미노산 부족)
→ 부족된 아미노산과 과잉의 아미노산이 서로 보완

무시루떡

✓ 쌀에는 없는 비타민 C를 무에서 보완.

✓ 무에 아밀라아제가 많으므로 소화 촉진.

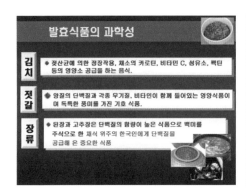

발효식품의 과학성

김치

◆ 젖산균에 의한 정장작용, 채소의 카로틴, 비타민 C, 섬유소, 펙틴 등의 영양소 공급을 하는 음식.

젓갈

◆ 양질의 단백질과 각종 무기질, 비타민이 함께 들어있는 영양식품이며 독특한 풍미를 가진 기호 식품.

장류

◆ 된장과 고추장은 단백질의 함량이 높은 식품으로 백미를 주식으로 한 채식 위주의 한국인에게 단백질을 공급해 온 중요한 식품

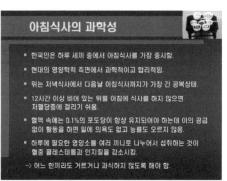

아침식사의 과학성

- 한국인은 하루 세끼 중에서 아침식사를 가장 중시함.
- 현대의 영양학적 측면에서 과학적이고 합리적임.
- 위는 저녁식사에서 다음날 아침식사까지가 가장 긴 공복상태.
- 12시간 이상 비어 있는 위를 아침에 식사를 하지 않으면 저혈당증에 걸리기 쉬움.
- 혈액 속에는 0.1%의 포도당이 항상 유지되어야 하는데 이의 공급 없이 활동을 하면 일에 의욕도 없고 능률도 오르지 않음.
- 하루에 필요한 영양소를 여러 끼니로 나누어서 섭취하는 것이 혈중 콜레스테롤과 인지질을 감소시킴.
- → 어느 한끼라도 거르거나 과식하지 않도록 해야 함.

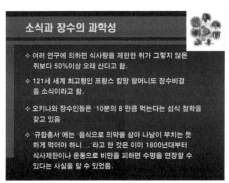

소식과 장수의 과학성

❖ 여러 연구에 의하면 식사량을 제한한 쥐가 그렇지 않은 쥐보다 50%이상 오래 산다고 함.

❖ 121세 세계 최고령인 프랑스 칼망 할머니도 장수비결을 소식이라고 함.

❖ 오키나와 장수인들은 '10분의 8'만큼 먹는다는 섭식 철학을 갖고 있음.

❖ '규합총서'에는 '음식으로 의약을 삼아 나날이 부치는 듯하게 먹어야 하니...'라고 한 것은 이미 1800년대부터 식사제한이나 운동으로 비만을 피하면 수명을 연장할 수 있다는 사실을 알 수 있었음.

한국형 식생활 실천 방안

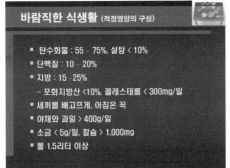

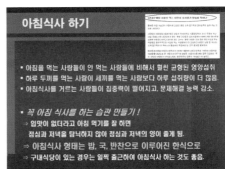

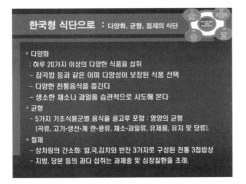

자료 제공 : 한국방송통신대학교 평생대학원 가정학과 조숙희, 박수선, 강정욱

2 맛있는 음식 알고 먹기

1 음식 알고 먹기의 학습지도안

학습주제	맛있는 음식! 알고 먹읍시다.〔유전자재조합식품(GMO 식품)〕
학습목표	1. 우리 가족의 밥상에 올려지는 식품들에 대해 경각심을 가질 수 있다. 2. 유전자재조합식품에 대해서 이해하고 식별법에 대해 알 수 있다. 3. 음식에도 나쁜 궁합과 좋은 궁합이 있음을 알 수 있다.

단계	내용	방법	교육자료/ 준비물	시간(분)
도입	유해식품에 대해 일깨우기	식품의 유해성분에 대해 이야기를 하고 앞으로 공부할 주제에 대해 이야기한다.	• PPT	5
전개	1. GMO 식품에 대한 정확한 이해 2. GMO 식품 식별법에 대한 정확한 이해 3. GMO 식품의 유해성 논란에 대해 알아보기 4. 녹색연합에서 말하는 안전한 식탁의 이해 5. 음식의 궁합 이야기 6. 아이들이 먹는 엄마표 간식	1. 식품을 고를 때 무엇을 먼저 보고 고르는지 대상자에게 질문을 던지며 주제에 대한 환기를 시킨다. 2. GMO 식품에 대해 알고 있는지를 질문하고 대상자가 그 식품에는 어떤 것들이 있는지 이야기한다. 3. GMO 식품이 무엇인지 설명한다. 4. GMO 식품의 장단점 및 유해성 논란에 대하여 이야기한다. 5. 녹색연합에서 발표한	• PPT • 동영상 자료	25

전개		안전한 식탁에 대해 생각해 본다. 6. GMO 식품의 식별방법에 대한 동영상을 시청하고 PPT 자료를 통해 다시 한 번 정리하고 학습한다. 7. 쉬어 가는 코너로 음식에도 궁합이 있음을 알려 주고, 같이 섭취하면 두 배의 효과를 거둘 수 있는 식품에 대해 이야기한다. 8. 유해식품이 난립하는 시대에 우리 아이들에게 안전하게 제공할 엄마표 간식거리를 몇 가지 소개한다.		
정리	1. 배운 내용을 요약하여 질문 2. 다음 차시 예고 (식품첨가물! 너의 정체를 밝혀라)	1. 오늘의 주제에 대해 간단히 정리하고 짧막한 질문을 던져 대상자가 잘 이해하고 있는지 파악한다. 2. 다음 차시에 교육할 내용에 대해 간단히 언급하고, 과거에 문제시 되었던 트랜스지방에 대한 동영상을 시청하게 한다.	• PPT • 동영상 자료	10

유전자재조합(GMO)식품

- Genetically Modified Organism(GMO)
- GMO식품은 유전자 재조합 식품을 의미
- 즉 한 생물체 유전자에 다른 종류의 생물체 유전자를 옮긴 것으로 인위적으로 만든 식품이다. 유전자 재조합 식품은 병충해에 강한 유전자를 주입하여 수확률을 높이거나 열매를 더욱 크게 만들거나 획기적으로 성분을 개선하기 위해 만들어진다.
- GMO기술을 이용한 농작물:토마토,옥수수,대두,감자,채종,면실등과 이런 농작물을 주원료로 이용하는 식용유, 두부, 마가린등과 부원료로 사용하는 각종 가공식품까지 유전자 재조합식품은 우리주변에 다양하게 있다.

GMO식품으로 얻는 좋은점

- 병충해 등으로 버리는 농작물의 양이 감소된다.
- 특정 식품의 독소를 제거함으로써 알러지 환자 등이 자유로이 식품을 선택 할 수 있는 기회를 제공한다.
- GMO는 제초제를 덜 쓰고 적은 노동력과 생산비용으로도 많은 수확량을 올릴 수 있기 때문에 기업과 농민에게 모두 경제적 이득을 주고, 사회 전체로 보아서도 식량문제와 환경문제를 해결할 수 있는 잠재력이 있다.

GMO식품으로 얻는 좋은점

- 병충해 등으로 버리는 농작물의 양이 감소된다.
- 특정 식품의 독소를 제거함으로써 알러지 환자 등이 자유로이 식품을 선택 할 수 있는 기회를 제공한다.
- GMO는 제초제를 덜 쓰고 적은 노동력과 생산비용으로도 많은 수확량을 올릴 수 있기 때문에 기업과 농민에게 모두 경제적 이득을 주고, 사회 전체로 보아서도 식량문제와 환경문제를 해결할 수 있는 잠재력이 있다.

GMO 식품의 문제점

- 항생제 내성의 증가, 독성유발 가능성.
- 돌연변이가 출현으로 생태계를 파괴할 가능성이 있다.
- 종교적, 윤리적인 문제.

<안전성 논란 사례>

- 1. GMO 식품 때문에 일본에서는 영구치가 없는 아이들이 늘고 있다.
- 2. GMO 옥수수를 먹은 가축의 사망률이 일반 옥수수를 먹은 가축의 사망률 보다 2배 높다.
- 3. GMO 콩이 태아에게 위험하다.
- 4. GMO 면화를 먹은 인도의 양, 염소가 죽었다.
- 5. GMO 식품이 발육부진과 면역력 이상을 일으킨다.

안전한 식탁을 위하여 (녹색연합)

1. 수입품은 구매하지 맙시다

2. GMO 사료를 사용하는 육류도 곤란해요.

3. 과자류도 살펴보세요 GMO 식품을 사용하였는지 확인하세요.

4. 달걀은 건강한 환경에서 낳은 유기농을...

5. 우유도 예외는 아닙니다.

6. 이유식 성분에도 GMO식품이 있는지...

7. GMO식품 이렇게 구별합시다.

8. 유기농 농산물을 이용하는 것이 좋습니다.

GMO 사료를 먹는 육류도 곤란해요.

- 단백질은 육류보다는 대두류가 좋고, non-GMO 로 안전한 국산콩이어야 합니다.

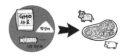

GMO 사료를 먹는 육류도 곤란해요

- 사료를 수입된 GM 대두, 옥수수, 면화, 유채를 가공한 후 남은 찌꺼기로 만들어 소, 돼지, 닭에게 공급하므로 GMO 의 위험은 우리나라에서 생산되는 축산물도 예외는 아닙니다.

- 더욱이 밀집된 곳에서 동물들은 살아남기 위해 본능적으로 서로에게 독소를 뿜어대며, 오염된 사료를 먹고, 항생제와 성장 촉진제로 사육되기 때문에 사람이 육류를 섭취하게 되면 동시에 동물 체내에 축적된 오염물질도 함께 섭취하게 됩니다.

- 아이들의 성숙도가 빨라진 것은 영양이 좋아진 측면도 있지만, 육류에 잔류하고 있는 성장촉진제의 영향이라는 보고도 있습니다.

수입품은 구매하지 맙시다.

- GMO 표시제도가 실시되고 있지만, 전 품목으로 실시되고 있는 것이 아니므로, 제품을 구매할 때 각별히 주의하여야 합니다.

- 수입농산물은 GMO 위험성뿐만 아니라 농약으로도 범벅되어 있습니다. 우리나라는 매년 100억 불 이상의 식품을 수입하고 있지만, 수입 식품에 대한 오염물질 검역은 무척 미흡한 실정입니다. 수입품이 장시간 유통에도 싱싱하고 탐스러운 것은 재배과정에서 뿌리는 농약뿐만 아니라 수확 직후에도 막대한 양의 농약을 살포하여 밀봉한 채 저장하기 때문입니다.

- 수입되는 밀, 콩, 옥수수, 오렌지, 바나나, 체리, 파인애플 등에 살포하는 농약들은 발암물질, 피부손상, 기형아를 초래하는 원인으로 지목되는 성분들로서, 제품에 배어들게 하기 위해서 몇 시간씩 약품을 살포한다거나, 아예 푹 담그었다가 건조 후 유통시키기도 합니다.

수입품은 구매하지 맙시다.

- 인체에 알레르기를 일으킬 가능성 때문에 미국에서 식용이 금지되고 사료용으로만 승인된 GM 옥수수-스타링크가 포함된 식품이 작년 말 국내로 유통된 바 있습니다.

- 얼마 전에도 미국산 식용 옥수수 중에 스타링크 옥수수가 포함된 것이 적발되어 통관 부적합 판정을 받자, 수입업자들은 사료용으로 용도변경하여 반입한 경우가 있습니다

·

수입 농산물

과자류도 살펴보세요.

- 과자는 원료 대부분이 수입으로 GM 농작물이거나 농약, 화학비료로 키운 작물들입니다.

- 과자에는 잔류 농약, 제초제 성분 외에도, 아이들은 난폭하게 만드는 산화방지제, 신경염과 천식, 기관지염을 일으키는 표백제, 암이나, 기형 등의 신체 이상을 가져올 수 있는 각종 인공 합성 식품첨가물들이 섞여있는 점을 주목해야 합니다.

GMO 식품의 표시(식별법)

- 시행목적: 소비자에게 올바른 정보를 제공하여 알고 선택할 권리를 보장

- 법적 근거
- **농산물**: 농산물품질관리법에 따른 유전자변형농산물 표시요령(농림수산식품부 고시 제2007-43호)
  ※ 현재 농산물의 표시관리는 농림수산식품부에서 관장하고 있음
- **가공식품**: 식품위생법에 따른 유전자재조합식품의 표시기준(식품의약품안전청 고시 제2007-76호)

GMO 식품을 표시해야 하는 경우

- 1. 농산물
- – 식약청이 승인한 모든 GMO 농산

- 2.가공식품및 건강기능식품
  – GMO 농산물을 주요재료로 사용하여 제조·가공한 모든 식품

GMO 식품을 표시하지 않아도 되는 경우

- 1. 농산물
- ○ non-GMO 농산물
  - 구분유통증명서 제출
  ※ 3%이하는 비의도적 혼입치로 인정

- 2. 가공식품및 건강기능식품
- ○ non-GMO 농산물을 사용한 경우,
  - 구분유통증명서 또는 정부증명서 제출
  ※ 3% 이하는 비의도적 혼입치로 인정

- ○ GMO 농산물을 사용하였어도,
  - GMO 농산물이 함량 5순위에 해당되지 않는경우
  - 최종제품에 GMO 성분이 남아 있지 않은 경우
  ※ 간장, 식용유, 당류, 주류(맥주, 위스키, 브랜디, 리큐르, 증류주, 기타 주류 등)

표시 내용

- ○ 제품 주표시면
  '유전자재조합식품' 또는 '유전자재조합 ○○ 포함식품'

- ○ 원재료명 바로옆
  '유전자재조합' 또는 '유전자재조합된 ○○'

- ※ 유전자재조합여부를 확인할 수 없는 경우
  '유전자재조합○○ 포함가능성 있음'으로 표시

표시 방법

- ○ 용기·포장에 잉크, 각인, 소인 등으로 지워지지 않고 잘 알아볼 수 있게 바탕색과 구별되는 색상의 10포인트 이상 활자로 표시

- – 국내식품: 포장지에 인쇄
- – 수입식품: 스티커 처리 가능하나 떨어지지 않게 부착

- ○ 용기나 포장없이 판매하는 경우 별도 게시판 이용하여 표시

생선 & 해물류와 궁합이 맞는 식품

- ◉ 해삼과 마늘
- ◉ 전복과 새우
- ◉ 새우와 레몬
- ◉ 장어와 생강
- ◉ 굴과 레몬

음식의 궁합이란??

- 우리가 흔히 먹는 식품이 다른 식품과 함께 어울리면서 성분의 변화를 막고 영양 효율이 높아지는 것은 음식궁합이 잘 맞는다고 할 수 있고, 효율이 떨어지는 것은 음식궁합이 맞지 않는다고 보아야 한다.

- 여러 가지 음식을 궁합에 맞게 먹는 습관이 무엇보다 중요하다

◉ 해삼과 마늘

인삼과 맞먹는 영양을 지녔다해서 '바다삼'이라고도 리는 해삼. 골격, 치아 형성에 필요한 칼슘과 철분이 풍부해 어린이나 임산부에게 좋은 식품이다. 또한 쇠약해진 남성 양기를 돋우는 정력 강장제로도 특효가 있으며, 칼로리가 적어 비만증에 좋고 혈압을 내리는 작용도 한다. 마늘 역시 오래 전부터 강장, 강정 효과를 인정받고 있는 식품. 혈액순환을 돕고 노화를 예방하는 등 미용, 스테미너식으로 애용되어왔다. 따라서 해삼과 마늘을 함께 조리하면 신진대사를 촉진시키고 떨어진 양기를 회복시키는 이중효과를 얻을 수 있다.

◉ 전복과 새우

- 새우와 전복은 달큰하고 감칠맛 나는 고유한 풍미를 지니고 있으며, 귀하고 비싼 식품으로 고급 요리에 많이 쓰인다. 전복은 저지방, 고단백 식품으로 간기능의 활동이 지나치게 왕성해지는 것을 정상화시키는 작용이 있다. 새우 역시 단백질이 주성분으로 신장을 튼튼하게 하여 남성의 양기를 북돋워주는 강정식품으로 알려져 있다. 따라서 새우와 전복의 배합은 간의 기능을 정상화시키고 신장을 강화해 양기를 왕성하게 하는 효과를 가져와 중년 이상의 남성들을 위한 건강식으로 좋다.

◉ 새우와 레몬

- 새우요리에 구연산이 풍부한 레몬을 곁들이면 상큼한 맛이 입맛을 돋우며 산성과 알칼리성의 조화로 균형있는 영양식이 된다.

◉ 굴과 레몬

- 굴은 세균이 번식하기 쉽고 시간이 조금만 지나도 탄력이 떨어져 축 쳐지게 된다. 여기에 구연산이 많은 새콤한 레몬즙을 몇 방울 떨어뜨리면 굴의 나쁜 냄새가 가시고, 세균의 번식을 억제해 살균 효과를 낼 수 있다. 또한 레몬에 들어있는 비타민 C는 굴에 함유된 철분과 결합해, 철분의 장내흡수를 크게 돕고 빈혈을 예방해준다.

자료 제공 : 한국방송통신대학교 평생대학원 가정학과 염은혜